Vertheilung

des

Lichtes und der Lampen

bei elektrischen Beleuchtungsanlagen.

Ein Leitfaden für Ingenieure und Architekten.

Von

Josef Herzog, und **Cl. P. Feldmann,**

Ingenieur, Budapest. Ingenieur, Köln a. Rh.

Mit 35 in den Text gedruckten Figuren.

Berlin. 1895. München.

Julius Springer. R. Oldenbourg.

Buchdruckerei von Gustav Schade (Otto Francke) Berlin N.

Vorwort.

Das vorliegende Werkchen soll Ingenieuren und Architekten einige Anleitungen geben, in welcher Weise elektrische Lichtquellen zur Erzielung bestimmter Beleuchtungen angeordnet und vertheilt werden können.

In demselben ist der Versuch gemacht worden, durch Anwendung der Blondel'schen Vorschläge die photometrischen Einheiten etwas schärfer zu bezeichnen.

Die Verfasser.

Inhaltsverzeichniss.

1. Allgemeines.

Bei dem Entwurfe einer elektrischen Beleuchtungsanlage muss der Projektirende naturgemäss zuerst sich über die Art der zu verwendenden Lichtquellen klar werden; nachdem er sich für die ausschliessliche oder gemischte Verwendung von Glühlampen oder Bogenlampen entschieden hat, tritt die Frage nach der Anordnung der Lichtquellen in den zu beleuchtenden Räumen von selbst an ihn heran.

Die Gesammtwirkung der Beleuchtung wird nur dann eine befriedigende sein, wenn Lichtquellen von passender Helligkeit in richtiger Weise über die einzelnen Räume vertheilt sind. Die Aufgabe des Projektirenden besteht also in der richtigen Wahl und Vertheilung der Lichtquellen.

Es ist selbstverständlich, dass die Lösung dieser Aufgabe bei der grossen Zahl der zur Geltung gelangenden optischen und physiologischen Nebenwirkungen und Erscheinungen nur eine annähernde sein kann; wir dürfen keineswegs auf eine exakte Beantwortung der Fragen rechnen, sondern müssen die aus den folgenden Betrachtungen erhaltenen Resultate nur als Fingerzeige verwenden, welche nach dem aus reicher Erfahrung geschöpften praktischen Gefühle zu überprüfen sind.

2. Photometrische Einheiten.

Bevor wir zur allmählichen Lösung der oben präcisirten Aufgaben übergehen können, müssen wir versuchen, in den Gedankengang Prof. A. Blondel's einzudringen, um uns über die bei einer Lichtquelle in Betracht kommenden photometrischen Grössen klar zu werden.

Die gesammte von einer Lichtquelle ausgehende Lichtströmung trifft auf eine Fläche auf und ruft auf derselben eine im Allgemeinen ungleichmässig vertheilte Beleuchtung hervor. Die Beleuchtung eines Elements der Fläche ist um so grösser, je stärker der auf das Flächenelement fallende Lichtstrom ist.

Wirkt die Lichtquelle längere Zeit auf die Fläche ein, so entspricht der gesammten von ihr ausgesandten Lichtmenge eine bestimmte Belichtung der Fläche. Die optische oder photometrische Wirkung der Lichtquelle wird unter sonst gleichen Umständen um so grösser sein, je grösser ihre Intensität ist; die physiologische Wirkung der Lichtquelle aber wird ausser von der Intensität auch von dem Glanze der Lichtquelle beeinflusst werden.

Eine punktförmige Lichtquelle sendet nach allen Richtungen Lichtstrahlen aus, deren Gesammtheit die gesammte leuchtende Strömung, oder kürzer den Lichtstrom bilden. Greift man aus der gesammten leuchtenden Strömung Φ einen kleinen körperlichen Winkel σ heraus, so ist das Verhältniss des von diesem Winkel umgrenzten Lichtstromes zu dem körperlichen Winkel die Intensität J der Lichtquelle in Richtung der Axe des Winkels.

$$ J = \frac{\Phi}{\sigma}. $$

Denkt man sich also um eine punktförmige Lichtquelle von der Intensität n eine Kugel vom Radius 1 geschlagen und zu jeder der 4π Oberflächeneinheiten derselben den zugehörigen körperlichen Winkel konstruirt, so umschliesst jeder solche Winkel n Lichtstrahlen und die gesammte von der Lichtquelle ausgehende leuchtende Strömung beträgt $4\pi n$.

Als internationale Einheit der Lichtintensität hat der Elektrikerkongress in Paris 1884 nach Violle's Vorschlag den von 1 cm² der Oberfläche geschmolzenen Platins bei der Erstarrungstemperatur ausgesandten Lichtstrom angenommen. Das Violle ist als praktische Einheit zu kostspielig und zu schwer herstellbar, als physikalische Einheit aber zu stark von der Reinheit und Oberflächenbeschaffenheit des Platins abhängig, zu wenig genau definirt und entspricht somit weder praktischen noch theoretischen Anforderungen. Wählt man nach Lummer und Kurlbaum als Einheit der Intensität jenen Lichtstrom, welcher 1 cm² reinen, glühenden Platins bei einer bestimmten, durch das Verhältniss zweier Strahlungsmengen definirten Temperatur ausstrahlt, so erhält man eine physikalisch brauchbare Einheit, die zur Vergleichung und Beglaubigung praktischer Einheiten wohl geeignet erscheint.

Die praktische Einheit der Lichtintensität muss vor Allem einfacher in der Handhabung, billiger und kleiner sein als die Violle'sche oder eine andere Platinlichteinheit. Deshalb benutzt man in der Praxis eine ganze Reihe technischer Lichtintensitätsmaasse, von denen nur das von Hefner-Alteneck eingeführte und nach ihm benannte Hefnerlicht allen billigen Ansprüchen der Technik genügt. Auf Grund langjähriger Untersuchungen der physikalisch-technischen Reichsanstalt ist die Hefnerlampe von allen betheiligten Kreisen der deutschen Technik angenommen und in der Folge auch als einzige photometrische Einheit zur amtlichen Beglaubigung zugelassen worden. In Deutschland ist die früher gebräuchliche Vereinskerze auch seitens der Gastechnik ausser Dienst gestellt worden, während sich in Frankreich neben dem Carcelbrenner die Decimalkerze, in England die Pentangaslampe erhalten haben. Die relativen Intensitäten dieser Lichtquellen giebt folgende kleine Zusammenstellung an:

Name der Intensitätseinheit	Violle	Carcel	Englische Wallrath- kerze	Deutsche Vereins- kerze	Hefnerlicht
Flammenhöhe	—	40 mm	45 mm	50 mm	40 mm
Violle	1	2,08	18,5	16,4	19,7
Carcel	0,48	1	8,9	7,9	9,5
Englische Wallrathkerze	0,054	0,112	1	0,89	1,14
Deutsche Vereinskerze .	0,061	0,127	1,13	1	1,20
Hefnerlicht	0,051	0,106	0,94	0,83	1

Blondel schlägt für die Einheit der Lichtintensität unter dem Namen Pyr die Decimalkerze vor, welche gleich dem zwanzigsten Theile des Violle ist. Wenn man durch exakte Definitionen ein brauchbares System photometrischer Einheiten erhalten will, muss man die durch Missbrauch vieldeutig und ungenau gewordene Bezeichnung „Kerze" überhaupt fallen lassen. Wir wollen deshalb den Blondel'schen Namen bei-

1*

behalten und uns unter einer Lichtquelle von der Intensität
$J = 1$ Pyr eine Hefnerlampe vorstellen.

Die Einheit des Lichtstromes Φ muss dann jener Strom
sein, welcher in einem Körperwinkel von der Grösse 1 durch
eine Lichtquelle von 1 Pyr Intensität hervorgerufen wird.
Diese Einheit soll nach Blondel's Vorschlage den. Namen
Lumen erhalten.

Eine Lichtquelle, deren mittlere sphärische Intensität n Pyr
beträgt, entsendet also einen Lichtstrom von $4 \pi n$ Lumen.

Denkt man sich einen homogenen Lichtstrom von $\Phi = 1$
Lumen senkrecht auf eine Fläche von $S = 1$ m² treffend, so
wird auf dieser Fläche die Einheit der Beleuchtung e vorhanden sein.

$$e = \frac{\Phi}{S}.$$

Diese Einheit bezeichnet Blondel als 1 Lux.

Es ist somit ein Lux die Beleuchtung, welche von einer
gleichförmigen Lichtquelle von der Intensität 1 Pyr auf einer
senkrecht zu den Strahlen stehenden und 1 m von der Lichtquelle entfernten Fläche hervorgerufen wird.

Bisher hat man als praktische Einheit der Beleuchtung die
Meterkerze geführt, deren Definition von richtigen Erwägungen
ausging. Trotzdem kann die Meterkerze in einem allgemeinen
Systeme photometrischer Einheiten deshalb nicht bestehen
bleiben, weil die Definition der Kerze für jedes Land verschieden ist und weil das metrische System in England und
Amerika noch nicht angenommen worden ist. Wir wollen im
Folgenden unter einem Lux jene Beleuchtung verstehen, welche
von einer gleichförmigen Lichtquelle von der Intensität einer
Hefnerlampe auf einer zu den Strahlen rechtwinklig und in
1 m Abstand von der gleichförmigen Lichtquelle angeordneten
Fläche hervorgebracht wird. Hierbei ist wieder die Intensität
der Hefnerlampe $= 1$ Pyr gesetzt.

Wirkt die Beleuchtung e während t Sekunden auf eine
Fläche ein, so ist die Illumination oder Belichtung j der Fläche
gleich dem Produkte der Beleuchtung und der Dauer ihrer
Einwirkung

$$j = e \cdot t.$$

Die Einheit der Belichtung ist demnach die Lux-Sekunde, für welche der photographische Kongress in Brüssel den kürzeren Namen Phot vorgeschlagen hat. Dieser Name mag dadurch gerechtfertigt erscheinen, dass die Belichtung in der Photographie eine grosse Rolle spielt; doch ist es leicht denkbar, dass die spätere Praxis den längeren Namen vorzieht, ähnlich wie sie in der Elektrotechnik statt des Coulomb die Ampère-Sekunde beibehalten hat.

In ähnlicher Weise ist die Lichtmenge Q zu definiren als Produkt aus dem Lichtstrome Φ und der Dauer seiner Einwirkung t, oder als das Produkt der gleichförmigen Belichtung j und der Grösse S der belichteten Fläche.

$$Q = \Phi t = jS = J \cdot \sigma \cdot t.$$

Die Einheit der Lichtmenge ist daher die Lumen-Sekunde, wofür von Photographen der Name „Rad" vorgeschlagen wurde. Die Lumen-Sekunde, oder ihr Vielfaches, die Lumen-Stunde kann als Grundlage des Lichtverkaufes genommen werden, da sie sowohl die Intensität der Lichtquelle (J), als die Dauer ihrer Wirkung (t), als die Grösse und Entfernung des beleuchteten Gegenstandes (σ) enthält. So könnte z. B. die Entschädigung für öffentliche Beleuchtung einer Stadt festgesetzt werden nach der Zahl der unter der Horizontalen während der Dauer eines Jahres gelieferten Lumen-Stunden.

Der physiologische Effekt einer Lichtquelle ist bei gleicher Intensität derselben um so stärker, je grösser ihr Glanz, d. h. ihre Intensität pro Einheit der leuchtenden Fläche ist. Wenn eine Fläche S die gleichförmige Intensität J besitzt, ist der Glanz der leuchtenden Fläche

$$i = \frac{J}{S}$$

in Pyr pro cm². Die folgende Tabelle enthält eine Zusammenstellung der Blondel'schen Vorschläge.

Physikalische Grössen	Symbol und Definitions-gleichung	Dimension	Benennung der praktischen Einheit
Lichtintensität . .	J	$[J]$	Pyr = 1 Hefnerlicht
Lichtstrom . . .	$\Phi = J \cdot \sigma$ *)	$[J]$	Lumen
Beleuchtung . . .	$e = \dfrac{\Phi}{S}$	$[J L^{-2}]$	Lux
Belichtung . . .	$j = e\,t$	$[J L^{-2} T]$	Lux-Sekunde oder Phot
Lichtmenge . . .	$Q = \Phi\,t$	$[J T]$	Lumen-Sekunde oder Rad
Glanz	$i = \dfrac{J}{S}$	$[J L^{-2}]$	Pyr per Quadratcentimeter

3. Intensität der Lichtquellen.

Die Intensität der Glühlampen und Bogenlampen wird auf photometrischem Wege durch Vergleich mit der Hefnerlampe ermittelt und ist nach verschiedenen Richtungen verschieden stark. Will man die Intensität nach allen Richtungen erhalten, so denkt man sich über den Mittelpunkt der Lichtquelle eine Kugel geschlagen, die mit einem Aequatorkreise und entsprechenden Meridiankreisen versehen ist. Hält man dann die Richtung eines Hilfskreises fest, indem man z. B. die Lichtquelle um eine senkrecht zu diesem Kreise gelegene Axe langsam dreht und für jede Richtung die Intensität ermittelt, so erhält man eine Kurve des Verlaufes der Intensität in Richtung des Hilfskreises.

In dieser Weise veranschaulichen die Fig. 1 bis 6 die von einer Swan- und einer Edisonlampe erhaltenen Intensitätskurven. Die Aequatorebene war dabei horizontal gehalten, der eingezeichnete Kohlenbügel stand vertikal. Die Fig. 1 und 4 zeigen den Verlauf der Intensitäten in den Horizontalebenen, die Fig. 2 und 5, 3 und 6 stellen die Intensitätskurven bei 0° und bei 30° dar.

Bestimmt man für die Aequatorebene eine Kreisfläche, deren Inhalt der Fläche der Intensitätskurve gleich ist, so giebt der Radius derselben die mittlere horizontale Lichtinten-

---

*) Der Körperwinkel σ ist eine reine Zahl.

sität an. Sie ist in den Figuren durch eine langgestrichelte
Linie gekennzeichnet. Denkt man sich den Kubikinhalt der
Körpers bestimmt, der durch die in den Meridianebenen liegen-
den Lichtkurven gegeben ist, so wird der Radius einer Kugel

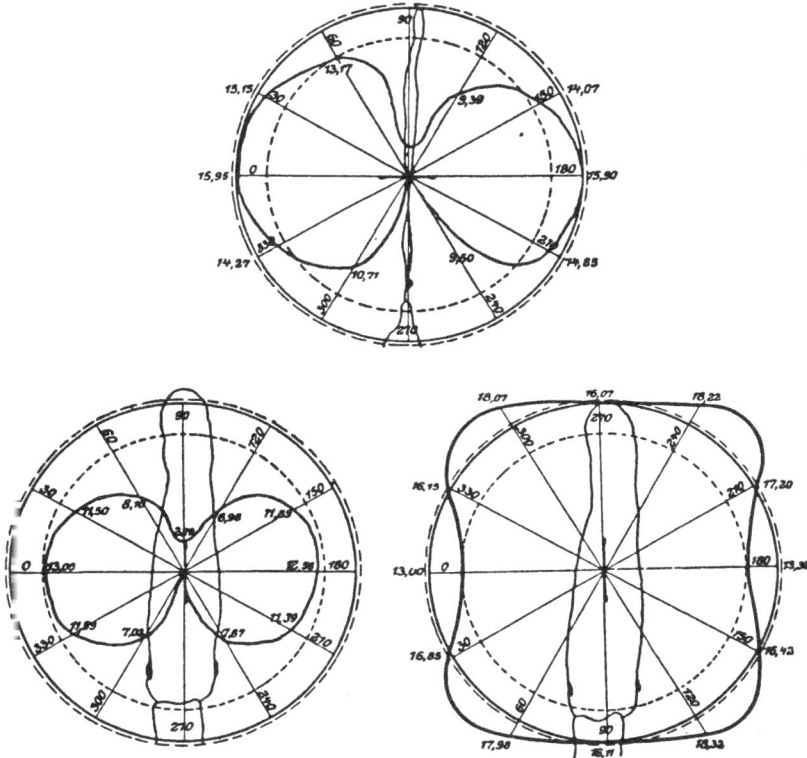

Fig. 1—3.
Intensitätsvertheilung bei einer Glühlampe nach Puffer.
Die Zahlen an den Kurven bedeuten Englische Normalkerzen à 1,14 Pyr.

vom gleichen Inhalte den Werth der mittleren sphärischen
Intensität repräsentiren. Die Meridiankurven unterscheiden
sich oft nur wenig von einander, so dass die Form des Körpers sich einem Rotationskörper ziemlich nähert. In den
Figuren ist der Kreis der mittleren sphärischen Intensitäten

punktirt eingezeichnet, während die von den Fabrikanten an-
gegebenen Lichtstärken als nominelle durch einen vollen Kreis
gekennzeichnet ist.

Die Meridiankurven haben die grössten Werthe in der
horizontalen Richtung, während sowohl nach der Spitze der

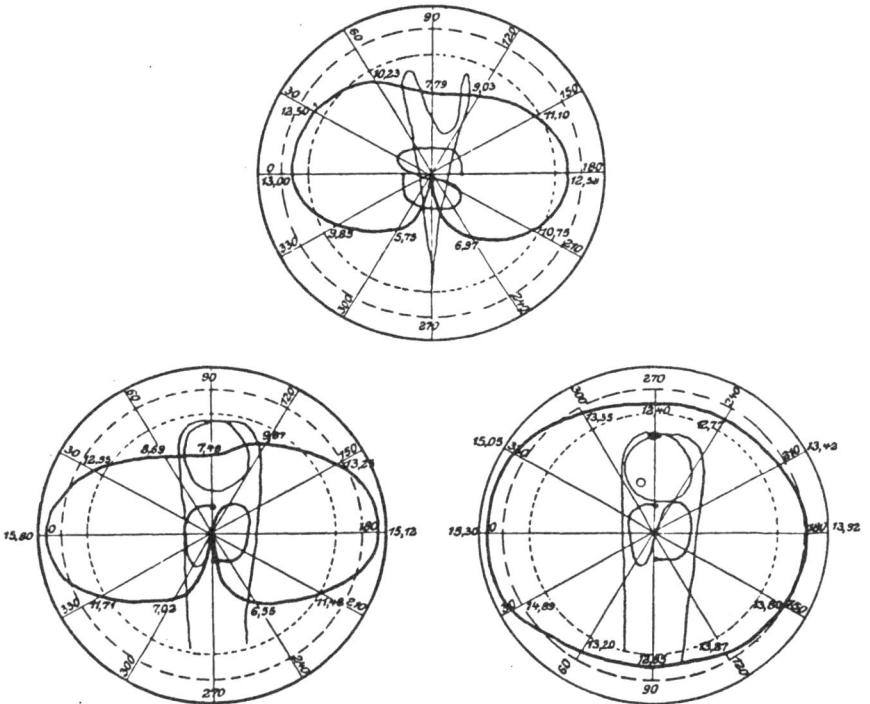

Fig. 4—6.
Intensitätsvertheilung bei einer Glühlampe nach Puffer.
Die Zahlen an den Kurven bedeuten Englische Normalkerzen à 1,14 Pyr.

Glühlampen, als auch nach der Befestigungsstelle des Kohlen-
fadens rasche Abnahme der Lichtausstrahlung erfolgt. Nach
der letzteren Richtung hin ziehen sich die Kurven natürlich zu
Null ein.

Die analogen Messungen über die Vertheilung der Intensität haben für den durch den Gleichstrom erzeugten Licht-

bogen die in Fig. 7 dargestellte Eiform ergeben. Ueber die
Gestalt der Kurve kann man zum Theil durch einfache Ueber-
legung sich Klarheit verschaffen.

Wenn die positive Oberkohle über der negativen Unterkohle angeordnet ist, so muss natürlich die Lichtwirkung vertikal nach abwärts, in Folge des Schattens der unteren Kohle,
Null sein. In horizontaler Richtung wird die ausgestrahlte
Lichtmenge wegen der Schattenwirkung der sich kraterförmig
aushöhlenden Oberkohle und der
verhältnissmässigen Nähe der
Unterkohle ein Minimum erreichen, um unter einem Winkel von etwa 50° unter der Horizontalen, wo der grösste Theil
der Kraterfläche der Oberkohle
sichtbar ist, zu einem Maximum
anzusteigen. Die von einer
leuchtenden Scheibe in irgend
einer Richtung ausgestrahlte
Lichtmenge ist proportional dem
Theile der Fläche, welche von
dieser Richtung aus gesehen
werden kann; demnach muss
die Anzahl der von der Kraterfläche in einer bestimmten Richtung ausgestrahlten Kerzen-
stärken wie die Projektion der
sichtbaren Kraterfläche auf die
betreffende Richtung, also wie
der Cosinus des Richtungswin-

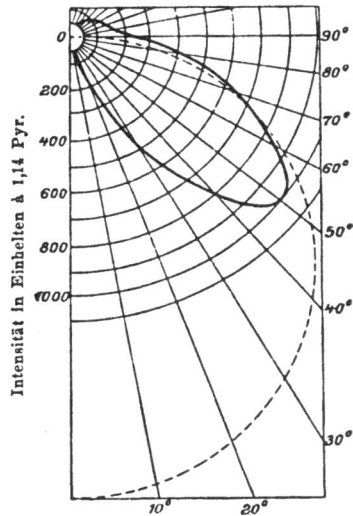

Fig. 7.
Intensitätsvertheilung beim Gleichstrombogen nach Trotter.

kels gegen die Vertikale, variiren. Trägt man, dem Vor-
gange Alexander Trotter's folgend, die Werthe der Cosi-
nusse sämmtlicher Richtungswinkel in ein polares Koordinaten-
system ein, so erhält man einen Kreis, dessen Umfang durch
den Pol geht. Dieser Kreis schmiegt sich in der That der
Lichtkurve gut an und da dem Cosinus 60° die Hälfte der
gesammten Kraterfläche entspricht, da ferner unter dem Winkel
von 60° die Hälfte der gesammten, vom Krater ausgesandten
Lichtstärke vorhanden sein sollte, so mag man als Radius des

Kreises den der Richtung von 60° entsprechenden Radius-
vektor der polaren Kurve der Intensitäten wählen. Für zwei
Abweichungen dieses Kreises von der Intensitätskurve lässt
sich die Erklärung sofort finden. In der Nähe der horizontalen Richtung geben die Aussenwände des Kraters und die
unter einem günstigen Winkel sichtbare Spitze der negativen
Kohle, sowie in ganz geringem Maasse der Lichtbogen selbst,
die Veranlassung dazu, dass die Polarkurve etwas ausserhalb
des Kreises liegt, während das bedeutende Zurückbleiben
unterhalb 60° nichts anderem als der Schattenwirkung der
Unterkohle zugeschrieben werden muss, welche von da an für
die nach abwärts zunehmenden Winkel mehr und mehr vom
Lichte des Kraters abschneidet.

a) Für eine Gleichstrombogenlampe von 14 Ampère
und ca. 47 Volt hat W. Wedding das in Fig. 8 wiederge-

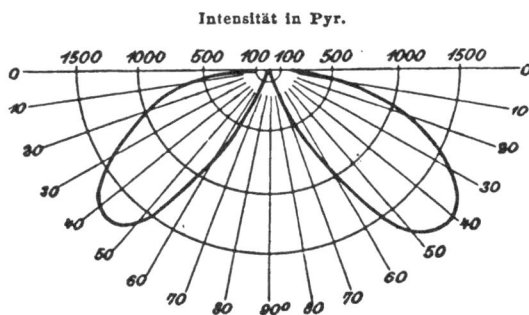

Fig. 8.
Intensitätsvertheilung beim nackten G. S. Bogen nach Wedding.

gebene Diagramm erhalten, welches sich auf den freien Lichtbogen bezieht. Die mittlere sphärische Intensität wird in solchen Fällen, wo es sich nur um die Beleuchtung nach unten
handelt, nicht auf die ganze Kugel, sondern auf eine halbe
Kugel vom Inhalte des von den polaren Kurven eingeschlosse-
nen Rotationskörpers bezogen, deren Radius als hemisphärische
Leuchtkraft bezeichnet wird.

Dies berücksichtigend, ergaben sich folgende Zahlen:

In der horizontalen Richtung	Im Maximum unter 42° von der Horizontalen	Hemisphärische Leuchtkraft
196 Pyr	2014 Pyr	1228 Pyr

Die Anwendung dieser Kurven wird sich beschränken auf jene Fälle, wo es gilt, mehrere nackte Bögen untereinander zu vergleichen. Die Praxis verlangt die Kenntniss der Lichtvertheilungskurve für die komplete Bogenlampe, d. h. für den Bogen mit Glasglocke. Bei matter Glocke wird die Vertheilung eine gleichmässigere, wenn auch eine bedeutende Schwächung eintritt, wie die folgenden Zahlen für 3 Sorten Glocken für den oben erwähnten Bogen zeigen:

	In d. horizont. Richtung	Im Maximum 36° unter d. Horizontal.	Hemisphärische Leuchtkraft
Glocke I	419 Pyr	970 Pyr	710 Pyr
- II	519 -	1093 -	777 -
- III	497 -	715 -	590 -

Die Vergleichung der hemisphärischen Leuchtkräfte mit und ohne Glasglocke ergiebt eine Schwächung von 40 bis 53 % [1]).

Man setzt häufig über der Glaskugel einen Reflektorschirm auf, wodurch sich die Werthe der horizontalen und maximalen Intensitäten etwas vergrössern; ausserdem aber wird die Schwächung der Intensität durch den Einfluss der reflektirten Strahlen eine etwas geringere, wie aus den nachstehenden Zahlen ersichtlich ist:

Mit Reflektor, weiss gestrichen und Glocke No. II.

In der horizontalen Richtung	Im Maximum unter 37°	Hemisphärische Leuchtkraft
537 Pyr	1170 Pyr	834 Pyr

---

[1]) Neuere Messungen von F. Nerz und Th. Stort haben
für Glocken aus klarem   Glase nur 6 %
     -      -   - überfangenem - - 11 %
Schwächung ergeben.

Die Schwächung ergab 33 % verglichen mit dem freien Bogen.

Da dieser Fall das meiste praktische Interesse besitzt, so geben wir noch in der Fig. 9 das entsprechende Bild der Intensitätskurve.

Intensität in Pyr.

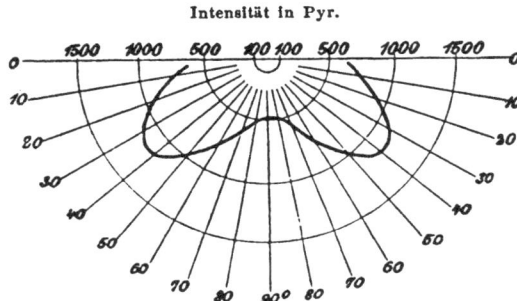

Fig. 9.

Intensitätsvertheilung beim G. S. Bogen mit Ueberfangglocke und Reflektor nach Wedding.

b) Beim Wechselstrombogen weisen beide Kohlenstäbe je einen kleinen Krater auf. Die Lichtvertheilung hat daher einen total anderen Charakter als beim Gleichstrombogen, wie es die Fig. 10 deutlich zum Ausdruck bringt.

In dieser Figur sind nach C. Coerper die Intensitätskurven für den Wechselstrombogen bei verschiedener Stromstärke dargestellt; die Betriebsspannung war hierbei so gewählt, dass die aufgewendete Energie die höchste Lichtwirkung ergiebt; sie schwankte von 25 bis 30 Volt.

Kurve	Ampère	Watt	Horiz. Intens.	Max. Intens.	Sphär. Intens.
a	50	1250	1630	4840	2625
b	30	825	1800	3880	2200
c	20	500	940	3760	1500
d	16	468	925	2160	1200
e	15	413	670	1570	870
f	10	313	150	550	275
g	8	250	92	530	250

Um nun auch beim Wechselstrombogen die weitaus grösste
Lichtmenge nach abwärts zu bringen, wird oberhalb desselben
ein kleiner Reflektor angebracht. Welchen günstigen Einfluss
derselbe auf die Intensitätskurve ausübt, lässt sich aus den

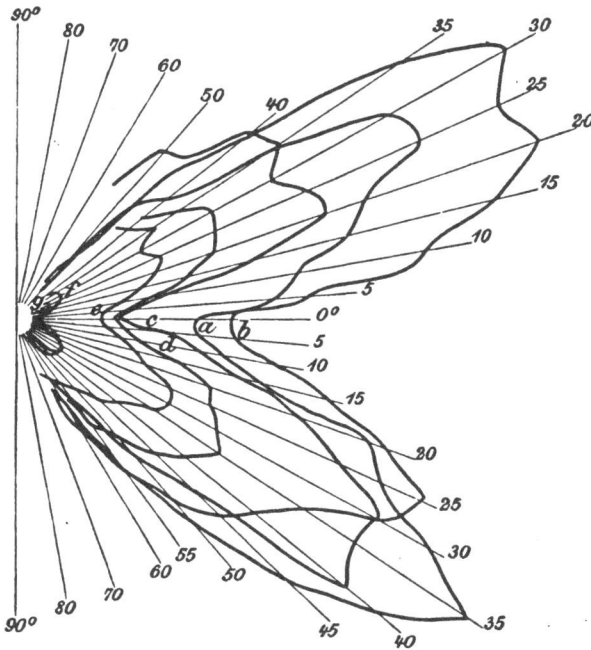

Fig. 10.
Intensitätsvertheilung beim Wechselstrombogen nach C. Coerper.

Diagrammen der Fig. 11 auf den ersten Blick erkennen. Wir
geben hierzu noch die folgenden Messungsresultate:

Kurve	Ampère	Watt	Horiz. Int. in Pyr	Max. Int. in Pyr	Pyr
Innere, ohne Refl.	10	310	150	550	275 sphär. Int.
Aeussere, mit -	10	310	372	912	498 hemisph. -

Solche kleine, innerhalb der Glocke und oberhalb des
Lichtbogens angebrachte Reflektoren werden heute ziemlich

allgemein bei Wechselstrombogenlampen verwendet, doch ge-
bührt die Priorität der Einführung und Verwendung derselben
dem für die Ausbildung der Wechselstrombogenlampen hoch-
verdienten Direktor der A.-G. Helios, Carl Coerper. Sein erstes

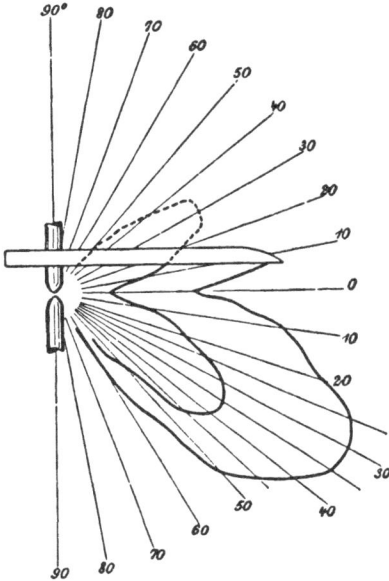

Fig. 11.
Intensitätskurven für W. S. Bogen mit und
ohne Heliosreflektor nach Coerper.

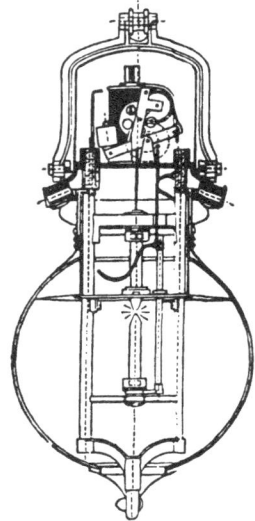

Fig. 12.
Helioslampe für W. S. mit
Innenreflektor.

Patent auf Reflektoren innerhalb der Glocke und oberhalb des
Bogens datirt aus dem Jahre 1887; Fig. 12 zeigt die heutige
Form des Reflektors bei einer Lampe der A.-G. Helios, Köln-
Ehrenfeld.

4. Glanz der Lichtquellen.

Lichtquellen von der gleichen Lichtstärke können sich
noch durch den Glanz ihrer leuchtenden Theile von einander
unterscheiden, d. h. durch die von der Flächeneinheit derselben in der senkrecht zur Fläche stehenden Richtung ausgesandten, in Pyr gemessene Lichtintensität. Dieser Glanz ist

bei den verschiedenen Arten der Lichtquellen verschieden, er
ist z. B. bei den Bogenlampen grösser als bei den Glühlampen,
bei letzteren grösser als bei den Petroleumlampen. Die Temperatur des glühenden, also leuchtenden Theiles der Lichtquelle ist maassgebend für den Werth ihres Glanzes. Da mit
Zunahme der Temperatur auch die Farbe des Lichtes sich
ändert und immer mehr dem der Sonne sich nähert, so tritt das
Analoge auch mit wachsendem Glanze der Lichtquelle auf.
Eine Bestätigung hiervon giebt die Untersuchung des Spektrums derselben. In dem Lichte der künstlichen Lichtquellen
erscheinen nämlich dieselben einfachen Lichtarten, wie im
Spektrum des Sonnenlichtes, jedoch nicht im selben Verhältniss gemischt. Je glänzender die Lichtquelle ist, umso mehr
blaue und violette Strahlen überwiegen, während bei den
minder hellen, welche dem Auge in gelblicher oder gar röth-
licher Farbe erscheinen, die rothen und gelben Strahlen des
Spektrums stärker hervortreten.

In der Beurtheilung des Lichteffektes der künstlichen Beleuchtung spielt die Gewohnheit und die Gewöhnung des
Auges eine mächtige Rolle. Trotzdem sich das Bogenlicht am
meisten der natürlichen Tagesbeleuchtung nähert, befriedigt
die Farbe desselben oft nicht; es erscheint uns blau und lässt
die Farbentöne kälter erscheinen. Es kommt dies daher, dass
unser Auge durch die stark gelb oder orange gefärbten Flammen der Petroleum- oder Gasbrenner zu einer falschen
Vorstellung über ein weisses Licht nach Eintritt der Dämme-
rung geführt worden ist. Das weisseste Ding, das wir dann
noch bei Gasbeleuchtung erblicken können, ist ein von diesen
Flammen gelblich beleuchtetes Blatt weissen Papiers. Be-
trachten wir dann ein thatsächlich weisseres Licht, so muss
uns dasselbe mit unserer falschen Vorstellung natürlich bläu-
lich und kalt erscheinen. Es geht uns eben wie unseren Vätern
bei der Einführung des Gaslichtes, über. welches Clement
Desormes im Jahre 1819 schrieb: „Das Licht ist von einer
unangenehm gelben Farbe, die vollständig verschieden ist von
der warmen rothen Glut der Oellampe; es ist von einer blen-
denden Helligkeit; seine Vertheilung wird unregelmässig und
unmöglich sein und es wird sich viel theuerer als Oelbeleuch-
tung stellen."

5. Indicirte Helligkeit oder Beleuchtung.

Nachdem wir die Lichtquellen als leuchtende Objekte betrachtet haben, wollen wir nun untersuchen, welchen Beleuchtungseffekt dieselben hervorrufen. Letzterer ist es ja vornehmlich, welcher unser Hauptinteresse erwecken muss, während die Frage nach der hierzu nothwendigen Anzahl der Lampen, ihrer Stärke und Placirung in zweiter Linie in Betracht kommen. Die Angabe, dass ein Raum von einer Anzahl Lichtquellen von bekannter Intensität erhellt sei, giebt für sich allein noch keinen ausreichenden Maassstab für die Qualität der Beleuchtung. Bei Kenntniss des betreffenden Raumes und der Beleuchtungskörper könnte ein erfahrener Techniker durch Vergleichung mit ähnlichen Fällen aus seiner Praxis nur zu einem

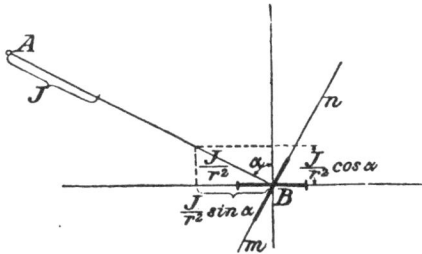

Fig. 13.
Beleuchtung durch einen Lichtpunkt.

allgemeinen Urtheil gelangen; eine genaue Angabe über die Stärke der herrschenden Beleuchtung, über die Grösse des Lichtstromes an einzelnen Stellen des Raumes lässt sich nur durch Einführung des Lux oder einer anderen Einheit der Beleuchtungsstärke erreichen. Die Definition des Lux ist bereits gegeben; sein Zusammenhang mit der Meterkerze ergiebt sich aus der Definition derselben. Ein Flächenelement wird mit einer „Meterkerze" Helligkeit erleuchtet, wenn eine Normalkerze in einer senkrechten Entfernung von einem Meter dasselbe bestrahlt. Eine Meterkerze ist somit = 1,2 Lux.

Ist im Punkte A (Fig. 13) eine Lichtquelle von der Intensität von J Pyr aufgestellt, so wird ein Flächenelement im

Punkte B, mn senkrecht zum Strahle r mit der grössten Beleuchtung von

$$\frac{J}{r^2} \text{ Lux}$$

bestrahlt, d. h. die Wirkung der Lichtquelle ist äquivalent einer anderen von der Stärke

$$\frac{J}{r^2} \text{ Pyr,}$$

in der Distanz gleich einem Meter, wobei die Reflexionsfähigkeit der Oberfläche als eine vollkommene angenommen wurde. Leonhard Weber hat diese Grösse als „indicirte Helligkeit" bezeichnet, sie ist die grösste, welche im Punkte B zu erhalten ist. Jedes andere Element, dessen Ebene geneigt ist gegen den Strahl r, erhält eine geringere Beleuchtung, welche gleich Null wird, sobald das Flächenelement in die Richtung des Strahles r fällt. Besonderes Interesse erwecken die horizontale Lage desselben zur Beurtheilung der Bodenbeleuchtung und die vertikale zur Vergleichung der Beleuchtung von aufrechten Gegenständen.

Zerlegt man die maximale indicirte Helligkeit des Punktes B in zwei Komponenten, eine horizontale

$$\frac{J}{r^2} \sin \alpha$$

und eine vertikale

$$\frac{J}{r^2} \cos \alpha,$$

so kommt für das vertikale Element des Punktes B nur die horizontale Komponente und für das horizontale Element nur die vertikale Komponente in Betracht; demnach wird die horizontale Beleuchtung die Grösse

$$\frac{J}{r^2} \cos \alpha$$

und die vertikale Beleuchtung die Grösse

$$\frac{J}{r^2} \sin \alpha$$

annehmen.

Wird ein Flächenelement von zwei Lichtquellen gleichzeitig bestrahlt, so addiren sich die Wirkungen der einzelnen Beleuchtungen gleicher Richtung. Ist z. B. das Element mn (Fig. 14) von zwei Lichtquellen A_1 und A_2 bestrahlt, so ist die indicirte Helligkeit des Punktes B in Richtung mn gleich der Summe der Komponenten

$$\frac{J_1}{r_1{}^2} \cos \alpha_1 + \frac{J_2}{r_2{}^2} \cos \alpha_2.$$

Dieser Betrag entspricht aber auch der Komponente aus der Diagonalen, welche man aus den maximalen Beleuchtungen der Strahlen r_1 und r_2 erhalten hätte. Es ergiebt sich hieraus das Resultat, dass man aus den maximalen Einzelbeleuchtungen,

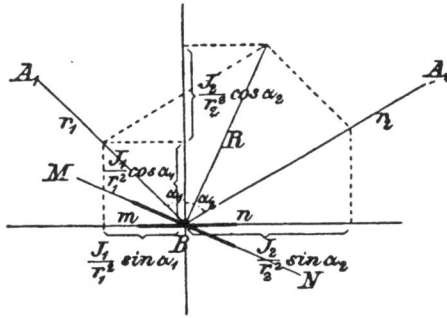

Fig. 14.

Beleuchtung einer Fläche durch zwei Lichtpunkte.

ganz analog der Kräftezusammensetzung, die resultirende Beleuchtung nach Grösse und Richtung erhalten kann.

Ein Element MN senkrecht zur resultirenden Beleuchtung R würde demnach die grösste Helligkeit im Punkte B unter dem Einflusse beider Lichtquellen erhalten. Eine Beschränkung dieser geometrischen Betrachtung tritt jedoch insoweit auf, als die Lage der Ebene MN in Bezug auf A_1 und A_2 eine solche sein muss, dass die letzteren nicht verschiedene Seiten der Fläche MN, welche als undurchsichtig in Betracht kommt, beleuchten dürfen. Diese resultirende Beleuchtung kann hierbei je nach den Winkeln, den die maximalen Beleuchtungen mit einander einschliessen, sowie nach ihren Werthen grösser oder kleiner als die Einzelbeleuchtungen ausfallen. Man hat diesen Umstand bei allen Betrachtungen über die Maxima und Minima der erreichbaren Beleuchtungen sich vor Augen zu halten.

6. Bodenbeleuchtung bei einem oder mehreren leuchtenden Punkten.

Ein leuchtender Punkt mit der Intensität gleich ein Pyr beleuchte eine horizontale Ebene und sei in der Höhe von einem Meter über derselben angebracht. Die horizontale Beleuchtung wird im Punkte F (Fig. 15a) die grösste sein, sie

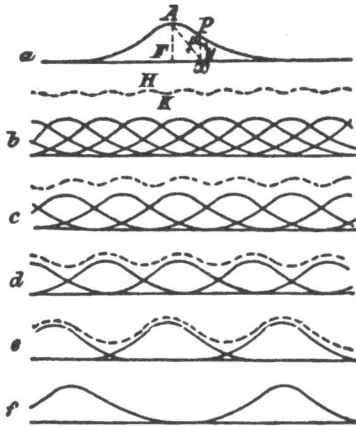

Fig. 15.

Bodenbeleuchtung durch einen oder mehrere Punkte, nach **Trotter**.

wird mit der Entfernung von F und der Neigung der Strahlen rasch abnehmen. Der Werth derselben findet sich nach dem Vorhergehenden leicht; sie sind als Ordinaten der eingezeichneten Kurve aufgetragen

$$y = \frac{1}{r^2} \cos\alpha = \frac{1}{r^3} \quad \text{oder} \quad y = \frac{1}{(1 + x^2)^{3/2}}.$$

Man sieht, dass in diesem Falle die Werthe der horizontalen Beleuchtung mit der dritten Potenz der Entfernung r abnehmen. Der Verlauf lässt sich überblicken durch Angabe

2*

einzelner Punkte der Kurve. Für P_1 ergiebt sich bei einem
Abstande von

$$x_1 = {}^3\!/_4 \qquad y_1 = 0,51 \sim {}^1\!/_2,$$
$$x_2 = 1 \qquad y_2 = 0,35 \sim {}^1\!/_3,$$
$$x_3 = 2 \qquad y_3 = 0,034 \sim {}^1\!/_{30}.$$

Die Beleuchtung ist also am Umfange eines Kreises, dessen
Radius gleich zweimal der Höhe des Lichtpunktes ist, nur
mehr etwas über 3 Procent von der maximalen Beleuchtung.
Um diese Ungleichförmigkeit in den Bodenbeleuchtungen
zu schwächen, wird man grössere Flächen durch mehrere
schwächere Lichtquellen zu erhellen suchen.

Wir wollen den Einfluss klarlegen, den ein zweiter Lichtpunkt in einer Distanz gleich eins vom ersten ausübt. In
Fig. 15 b ist für diesen Fall die Summenkurve gezeichnet; der
höchste Werth der resultirenden Helligkeit bei H beträgt 1,976,
der kleinste bei K findet sich mit 1,91. Die Variation zwischen
denselben in Procent beträgt nur 3,30. In gleicher Weise
wurden die Zahlen bestimmt für den Fall, dass die Entfernung
der leuchtenden Punkte von einander das $1^1\!/_2$-, 2-, 3- und
$5^1\!/_2$fache der Höhe derselben beträgt. Die Resultate finden
sich in Fig. 15 c, d, e und f, deren Zusammenstellung wir
A. Trotter verdanken, der die Frage der elektrischen Strassenbeleuchtung Londons schon frühzeitig einem eingehenden Stu-
dium unterwarf.

Verhältniss der Distanz zur Höhe der Licht- quellen über der Boden- fläche	Maximum	Minimum	Variation in Procenten
	der Bodenbeleuchtung		
1	1,976	1,91	3,30
1,5	1,438	1,2	16,6
2	1,216	0,789	35,1
3	1,060	0,342	67,8
5,5	1,011	0,08	92

Man sieht aus der letzten Reihe deutlich, dass der Einfluss des zweiten Lichtpunktes auf das Lichtfeld des ersten
bei etwas grösserer Distanz der leuchtenden Punkte von einander rasch verschwindet.

7. Strassenbeleuchtung mit Bogenlicht.

Die vorhergehende Untersuchung ist unter der Annahme von leuchtenden Punkten gemacht, deren Lichtintensität nach allen Richtungen als gleich gross angenommen wurde. Der Horizontalschnitt der Kurve der räumlichen Lichtintensität ist aber, wie wir erläutert haben, kein Kreis; infolgedessen werden die praktischen Untersuchungen in Hinsicht auf diesen Umstand zu rektificiren sein. Die Glühlampe hat bei vertikaler Stellung des Kohlenbügels ihre grösste Intensität in horizontaler Richtung, ein Umstand, der für gleichmässigere Vertheilung der Bodenhelligkeit günstig wirken kann. Auch bei der Bogenlampe treten die maximalen Intensitäten ausserhalb der

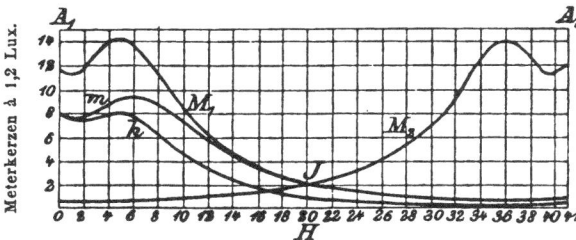

Fig. 16.

Beleuchtung „Unter den Linden" in Berlin, nach Wedding.

Vertikalen auf, wenn auch die Verhältnisse weniger günstig als bei der erstgenannten Lichtquelle liegen.

Ein Beispiel soll die praktisch sich ergebenden Verhältnisse klarlegen.

Für die 14 Ampère starken Bogenlampen Unter den Linden in Berlin haben wir die von Wedding ermittelten Resultate in Fig. 16 mitgetheilt. Diese Bogenlampen sind in einer Höhe von 8 Meter über dem Boden befestigt und von einander 41 Meter entfernt. Die Kurve der Maximalbeleuchtung für eine einzelne Lampe wurde für eine Höhenlinie von 1,5 Meter, der Sehhöhe des Menschen entsprechend, gewählt. Die Linien $M1$ und $M2$ in Fig. 16 geben den Verlauf dieser Werthe. Hieraus kann man, wie Liebenthal gezeigt hat, nach dem Principe des Parallelogramms eine neue Kurve der resultirenden Maximalbeleuchtung für die gleichzeitige Wirkung beider Lichtpunkte bestimmen, muss sich jedoch, wie bereits erwähnt, dabei gegenwärtig halten, dass die Werthe derselben nur dann in Betracht kommen können, wenn das entsprechende Element senkrecht zur resultirenden maximalen Beleuchtung steht und von den beiden Lichtquellen wirklich auf derselben Seite belichtet wird. Prüft man das vorliegende Beispiel in dieser Hinsicht, sowie in Rücksicht auf die im Paragraph 4 bezüglich der wirklichen Maxima gemachten Bemerkungen, so ergiebt sich, dass man die stärkste Beleuchtung erhält, wenn man das Flächenelement nicht von beiden Lampen zugleich, sondern nur von der nächstliegenden Lichtquelle unter senkrechtem Auffallen der Lichtquellen beleuchten lässt. Die Kurve der praktischen Maximalwerthe ist demnach für die Sehhöhe die Linie $A_1 M_1 J M_2 A_2$. Ausserdem sind die Kurven der maximalen sowie der horizontalen Beleuchtung für die wirkliche Bodenfläche, beziehungsweise mit m und h bezeichnet, für eine einzelne Lampe eingetragen.

8. Kurven zur Berechnung der horizontalen Beleuchtung.

Die Ermittelung des Werthes der horizontalen Beleuchtung ergiebt nach den vorhergehenden Lehren für einen Punkt P mit den Ordinatenwerthen x und y die Formel

$$h = J \frac{y}{(x^2 + y^2)^{3/2}}.$$

Löst man nach x auf und setzt für

$$\left(\frac{J}{h}\right)^{2/3} = \text{Constante } C,$$

so folgt

$$x^2 = C \cdot y^{2/3} - y^2.$$

Diese Gleichung stellt alle Kurven gleicher Beleuchtung dar; lässt man also das horizontale Flächenelement f eine solche Bahn beschreiben, dass seine horizontale Beleuchtung unverändert bleibt, so erhält man die der obigen Gleichung entsprechenden Kurven, welche in Fig. 17 dargestellt sind. In derselben sind z. B. die Kurven der horizontalen Beleuchtung von 200, 100 etc. Lux dargestellt für eine Lichtquelle von der Intensität $J = 100$ Pyr. Zu diesem Zwecke wurde

$$C = \left(\frac{100}{200}\right)^{3/2}, \quad \left(\frac{100}{100}\right)^{3/2} \text{ etc.}$$

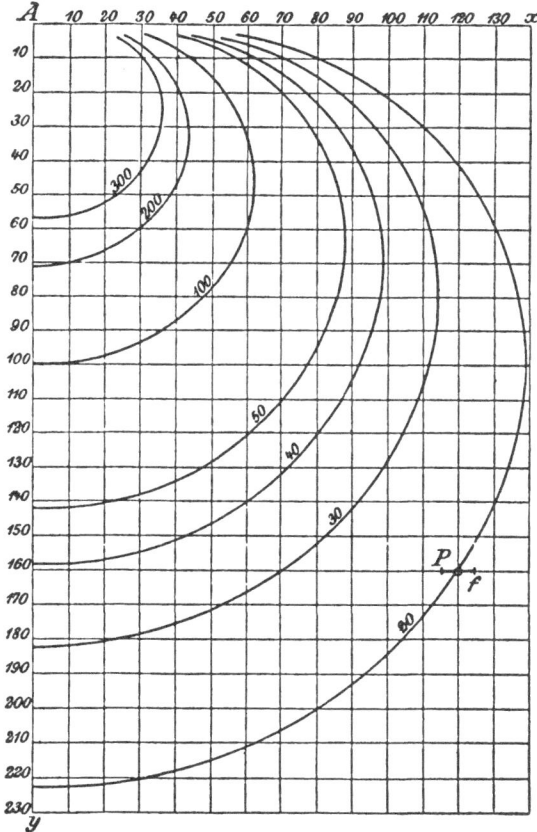

Fig. 17.

Kurven der horizontalen Beleuchtung für eine Lichtquelle von 100 Pyr.

gesetzt; dann wurden mit Hilfe der Gleichung für die aufein-anderfolgenden Werthe von y die entsprechenden Werthe von x gesucht und in gleichem Maassstabe aufgetragen. Auf diese Weise hat Leonhard Weber in den „Kurven zur Berech-

nung von künstlichen Lichtquellen indicirter Helligkeit"
(Springer, Berlin 1885) eine vollständige graphische Tabelle
zusammengestellt, deren Verwendung sich in vielen Fällen
empfiehlt.

9. Dioptrische Laternen und Reflektoren.

Das Problem der Konstruktion von Vorrichtungen zur Erzielung einer gleichmässigen Flächenbeleuchtung hat bis in
die neueste Zeit eine Reihe von Erfindern beschäftigt, deren
Bemühungen jedoch nur zum Theile zu einer glücklichen
Lösung geführt haben. Trotter, der seit vielen Jahren gerade
auf diesem Gebiete führend gewirkt hat, weist darauf hin,
dass schon im Jahre 1802 Smethurst und Paul ein Patent
auf die Anordnung eines Reflektors nahmen, der durch geeignete
Ablenkung und Reflexion der Strahlen eine gleichförmige
Flächenbeleuchtung erzielen sollte. Das Resultat entsprach
nicht den Erwartungen, weil die Erfinder die Strahlen nach
Winkeln ablenkten, deren Tangenten sich wie $1:2:3$ statt wie
$\sqrt{1} : \sqrt{2} : \sqrt{3}$ verhielten.

Wenn eine ebene Kreisfläche durch eine senkrecht über
ihrem Mittelpunkte befindliche Lichtquelle so zu beleuchten
ist, dass alle Kreisringe von gleichem Flächeninhalte, in welche
man diese Fläche theilt, den gleichen Lichtstrom erhalten, so
müssen die Halbmesser der Kreisringe offenbar wachsen wie
$\sqrt{1}$, $\sqrt{2}$, $\sqrt{3}$, ... denn dann betragen die aufeinander folgenden Flächen der Kreise π, 2π, 3π ...., und die aufeinander
folgenden Differenzen der Kreise besitzen die Kreisring-
fläche π.

Die Lichtstrahlen, welche von der Lichtquelle unter
gleichen Winkeln gegen einander ausgesandt werden, müssen
demnach entsprechend den Strahlen zu diesen Kreisringen abgelenkt werden.

Zur Erreichung dieses Zweckes hat Trotter Prismen angewendet, durch welche die stark geneigten Strahlen gegen
die entferntesten Punkte der zu beleuchtenden Fläche ge-
worfen und die nur wenig gegen die Vertikale geneigten
Lichtstrahlen gegen die Mitte abgelenkt wurden. Die Prismen

wurden für eine bestimmte Anzahl in gleichen Abständen aufeinander folgender Lichtstrahlen berechnet und zu einem nach
aufwärts sich öffnenden Kegel (Fig. 18) zusammengestellt,
dessen Aussenlinie fast hemisphärische Gestalt aufwies. Der
so gebildete Reflektor enthielt auf der inneren und äusseren
Seite Kannelirungen, durch welche der als Lichtquelle vorge-
sehene Lichtbogen zu etwa dreihundert kleinen, wohl geformten
und bestimmten Lichtbögen von etwa dem dreihundertsten
Theile der Intensität des Originals vervielfältigt wurden. Die
ausserordentlich unschöne Form der so gebildeten dioptrischen
Laterne, die Schwierigkeit der genauen Herstellung und der

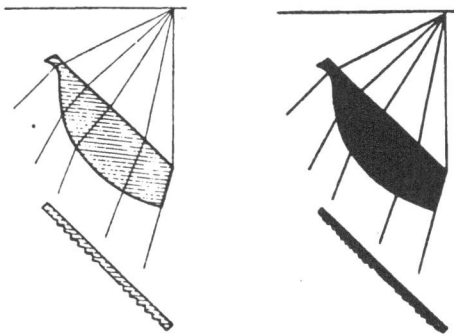

Fig. 18.
Dioptrische Laterne nach Trotter.

Umstand, dass der Erfinder weit weniger kaufmännische als
wissenschaftliche Fähigkeiten besass, haben die Einführung
dieser auf richtigen Grundlagen erhaltenen dioptrischen Laternen
verhindert.

Von denselben Grundlagen ausgehend, sind in neuester
Zeit zwei französische Erfinder, Psaroudaki und Blondel,
zur Konstruktion ähnlicher dioptrischer Apparate gelangt. Nur
sind die bei den holophanen Glocken zur Erreichung gleich-
förmiger Flächenhelligkeit angewendeten Methoden weniger
einfach als die von Trotter benutzten, weil ausser der Re-
fraktion und Reflexion nach aussen auch innere Reflexwir-
kungen in grossem Maasse verwendet werden.

Die gleichförmige Vertheilung des Lichtes wird bei den
holophanen Glasglocken durch eine besondere Art von ge-

kreuzter Kannelirung auf kugel- oder becherförmigen durchsichtigen Glasglocken erreicht. Die ausser- und innerhalb der Glocken angebrachten Kannelirungen besitzen zwei verschiedenartig kombinirte Profile, von denen das eine lichtbrechend, das andere reflektirend wirkt. Wenn auch den theoretischen Anforderungen vielleicht etwas weniger genügt wird als bei Trotter's dioptrischer Laterne, werden sich die holophanen Glocken wegen ihrer gefälligen Formen (Fig. 19) leichter einführen. Sie sollen sich gut bewähren und, so lange

Fig. 19.
Holophone Glocken nach Blondel.

sie rein sind, nicht mehr als 9 bis 15 % der gesammten Lichtströmung absorbiren. Die Schwierigkeit besteht jedoch darin, dass die äussere und innere Ausbildung der Glocken dieselben geradezu als Staubfänger erscheinen lässt, dass die Entfernung des Staubes aus den Winkeln der Prismen nur bei sorgfältiger Reinigung möglich ist und dass diese bei öfterer Wiederholung die sorgsam geformten Ecken der Prismen abrunden und die Gesammtwirkung beeinträchtigen wird.

Gehen wir nun etwas näher auf die Konstruktion eines Reflektors ein und versuchen wir, die Beleuchtung bei B, C, D in Fig. 20 zu verstärken.

Wir denken uns von der Lichtquelle A die Strahlen zu diesen Punkten gezogen; dieselben würden zusammenfallen mit den reflektirten Strahlen des Reflektors, sobald wir annehmen, dass die Grösse des letzteren zu den übrigen Dimensionen und zu der Höhe über dem Fussboden verhältnissmässig gering ist. Von dem Punkte I (Fig. 21) gehen unter gleichen

Winkeln untereinander die Lichtstrahlen Ib', Ic', Id' .... aus;
die Linien GB', GC' .... sind parallel zu den reflektirten
Strahlen. Die Halbirungswinkel von ING, IOG etc. sind
demnach parallel zu den Elementen der Reflektorlinie, die sich

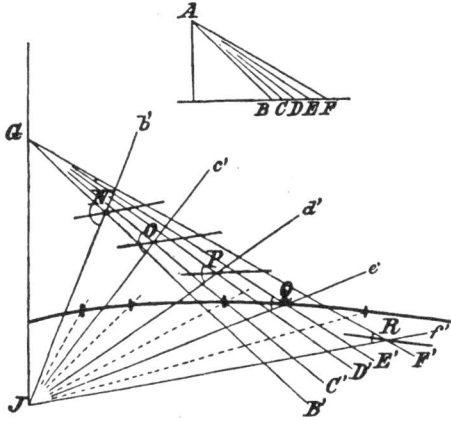

Fig. 20 u. 21.
Konstruktion eines Reflektors.

darnach unmittelbar zeichnen lässt. Man erhält eine konvexe
Form, deren Grösse wesentlich von der Entfernung des Re-
flektors von der Lichtquelle respektive der Glocke abhängt.
Für den Fall, dass die Entfernung zweier Strassenlampen das

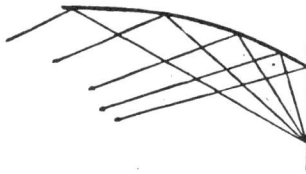

Fig. 22.
Reflektor für einen bestimmten Fall.

$5^1/_2$fache ihrer Höhe beträgt, nimmt der Reflektor die Form der
Fig. 22 an. Man sieht, dass der Reflektor zu grosse Dimensionen annehmen würde, wollte man nur die der Horizontalen
naheliegenden Strahlen, die von der Lichtquelle kommen, aus-
nützen. Durch Einfügung eines Zwischenreflektors (Fig. 23)
vermag man dem auszuweichen.

Wir haben die Ausnützung der nach oben gesandten Strahlen gezeigt. Es hat daher die Anwendung eines auf die

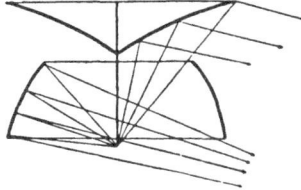

Fig. 23.
Reflektor und Zwischenreflektor für denselben Fall.

Glasglocke gesetzten Reflektors hauptsächlich bei solchen Lichtquellen einen Zweck, deren Intensitätskurve eine obere Hälfte

Fig. 24.
Reflektor für Strassenglühlampen.

ausweist, wie z. B. bei Wechselstromlampen (ohne Innenreflektoren). Desgleichen bei Strassenglühlampen, wie aus Fig. 24 ersichtlich ist.

In neuester Zeit hat Elster versucht, durch einen Kranz von fächerartig zu einander gestellten Streifen aus schwach mattirtem Glase eine gleichförmige Lichtvertheilung zu erreichen, welche insbesondere bei den Bogenlampen das Blenden durch dieselben verhindert (Fig. 25). Zwischen diesen

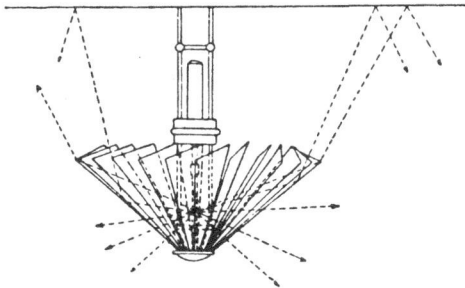

Fig. 25.
Bogenlampenreflektor nach Elster.

einzelnen Streifen befinden sich zwar offene Spalte, doch sind die Streifen in solchen Winkeln zu einander angeordnet, dass die direkten Strahlen gänzlich vermieden werden und die Beleuchtung nur durch reflektirte, oder beim Durchgange durch die mattirten Gläser abgeschwächte und diffus gemachte Strahlen erfolgt, wodurch eine milde Lichtwirkung erzielt wird.

10. Invertirte Bogenlampen.

Die Verwendung invertirter Bogenlampen ist merkwürdig wenig entwickelt, obgleich sie schon im Jahre 1881 zur Zeit der Pariser Ausstellung Anwendung gefunden hatten. Dort war für die oberen, weiss gehaltenen Räume eine Jasparlampe in einem Blumenarrangement mitten im Zimmer angeordnet, die die positive Kohle unten hatte und alles Licht an die Decke warf. Zum Theil hat der Einführung das Vorurtheil entgegengewirkt, dass eine weisse Fläche ein minderwerthiger Reflektor sei, der nur etwa 50 Procent des auf ihn geworfenen Lichtstromes zurückgebe. Doch haben Sumpner's Messungen bewiesen, dass eine matt-weisse Fläche mehr als 80 Proc. zu

reflektiren vermag. Der grosse Vortheil dieser Beleuchtungs-
art liegt darin, dass das Licht nicht von einem Punkte aus-
geht, sondern von einer ganzen Fläche kommt, und dass deshalb keine scharfen Schatten entstehen können. Bei Verwendung mehrerer, entsprechend vertheilter Lichtquellen muss es
sogar möglich sein, Schatten überhaupt fast vollständig zu
vermeiden.

Der Reflektor für eine invertirte Bogenlampe sollte einen
grossen Körperwinkel umfassen; eine genaue Betrachtung der
Kurve der Intensitätsvertheilung eines Bogens zeigt, dass unter
Winkeln von mehr als 70⁰ gegen die Axe der Kohlenstäbe nur
wenig Licht ausgesandt wird. Ein Reflektor, der den ganzen
innerhalb dieses Bereiches vorhandenen Lichtstrom umfasst,
sollte deshalb einen Körperwinkel von 0,684 π umschliessen.
Es sollte mit anderen Worten der Radius des Reflektors theo-
retisch etwa dreimal grösser sein als die Distanz des Reflektors
vom Bogen; praktisch aber wird man den Reflektor so gross
als möglich machen, um Schattenwirkungen, besonders von der
Lampe selbst herrührende, zu vermeiden.

Die Compagnie Internationale d'Electricité in Lüttich,
welche diese Art der Beleuchtung besonders ausgebildet hat,
verwendet konische Reflektoren, welche oben 630, unten 175 mm
Durchmesser besitzen, und deren innere, weiss emaillirte Oberfläche einen Winkel von 88⁰ umschliesst. Die dabei angewendeten Pieperlampen bestehen aus 2 Kohlenstäben verschiedenen
Durchmessers, von denen die obere negative homogen, die untere positive ringförmig und von grösserem Durchmesser ist;
der Mechanismus ist so einfach als möglich gehalten, da die
Kohlen nur mittelst Rollen, Schnur und Gegengewicht zusam-
mengeführt werden. Jede Lampe ist mittelst eines passend
angeordneten Gegengewichts aufgehängt, sodass sie zum Zwecke
der Reinigung und Kohlenerneuerung leicht herabgelassen werden kann.

Solche Lampen hat Dobson mit gutem Erfolge zur Beleuchtung einer mit Maschinen und Transmissionen reich be-
setzten Werkstätte verwendet.

Den Eindruck eines mit mehreren entsprechend vertheilten
Bogenlampen beleuchteten Raumes schildert Dobson als höchst
günstig, da man alle Annehmlichkeiten des Bogenlichts ge-

niesst, ohne von dem Glanze der Flammen irgendwie gestört
zu werden und ohne dass Schatten auf irgend einen der Ar-
beitsplätze fallen. Die Schatten der bei der Deckenkonstruk-
tion verwendeten Träger wurden durch eine leichte Bretter-
verkleidung umgangen; dadurch war es möglich gleichförmig
diffuses Licht zu erhalten.

Will man für Färbereien oder Webereien den für unsere
Augen bläulichen Schein des Lichts mildern, so kann man der
reflektirenden Deckenfläche einen gelblichen Ton verleihen.

Ein Nachtheil der invertirten Bogenlampe besteht darin,
dass die Aschentheile von der negativen oberen Kohle in den
Krater der unteren positiven fallen und dass deshalb die Lampe
leicht unruhig funktionirt.

11. Ueber die erforderliche Beleuchtung.

Ueber die Stärke der erforderlichen Beleuchtung muss
man sich nach den Verhältnissen von Fall zu Fall ein Urtheil
bilden. Dieses Urtheil kann jedoch erst nach Kenntniss einer
Reihe von Erfahrungszahlen gefällt werden. Einer der ersten,
welche sich um diese Ermittlung bemühten, war Dr. Hermann
Cohn, Breslau, welcher fand, dass bei 50 Meterkerzen = 60 Lux
das Auge ohne Akkommodationsanstrengung ebenso schnell und
ebenso gut liest, als bei Tageslicht. Das Minimum der hygie-
nischen Forderungen stellte er mit dem fünften Theile d. i.
10 Meterkerzen = 12 Lux fest. Dass diese Anforderung keine
übertriebene ist, geht daraus hervor, dass eine Stearinkerze
ein Blatt weissen Papieres, welches horizontal in einer Entfernung von 15 cm darunter und 20 cm seitlich liegt, gleich
stark beleuchtet.

Handelt es sich um eine allgemeine Erhellung des Raumes,
so wird man unter dem Betrag von 5 Lux bleiben können. Für
Strassenbeleuchtung im Allgemeinen hat Wybauw sogar nur
den Werth mit 0,1 Lux angegeben, der sich für Hauptstrassen
auf 1 Lux und mehr erhöht.

12. Erforderliche Lampenanzahl nach Erfahrungswerthen.

Die in den vorstehenden Punkten gegebenen Berechnungen zur Bestimmung der Helligkeiten etc. reichen in den meisten Fällen der Praxis zur Annahme einer bestimmten Lampenzahl und ihrer Stärke nicht aus. Sie dienen vielmehr als Kontrolle über die Zweckmässigkeit eines Projektes oder geben die Richtung an, nach welcher Messungen vorzunehmen wären, um eine bereits ausgeführte Lichterdisposition zu verbessern. Der Grund, warum jene Rechnungswerthe nicht ausschliesslich maassgebend sind, liegt in dem Umstande, dass viele Momente von grossem Einfluss darin keinen Ausdruck finden können.

Die Reflexion der Wände giebt z. B. der Helligkeitsvertheilung einen total anderen Charakter, als die einfache Berechnung nach den gegebenen Gesichtspunkten ermitteln lässt. Man wird daher diese Rechnung nur in vereinzelten Fällen mit Nutzen vornehmen können, z. B. bei der Bogenlichtbeleuchtung eines freien Platzes, einer breiten Strasse, oder bei der Bestimmung der Helligkeit eines Arbeitstisches von der darüber befindlichen Lichtquelle unter der Voraussetzung, dass die Seitenwände wegen ihrer grösseren Distanz und dunklen Farbe einen zu vernachlässigenden Einfluss ausüben.

Eine schwarze Fläche absorbirt den einfallenden Lichtstrom Φ vollständig, während eine andere Fläche z. B. den Theil $A \cdot \Phi$ zurückstrahlt und den Betrag $(1 - A) \cdot \Phi$ absorbirt. Fällt dieser zurückgestrahlte Betrag $A \cdot \Phi$ auf eine zweite Fläche des Raumes, so bleibt für eine dritte nur der Betrag $A^2 \cdot \Phi$, u. s. w. Schliesslich hat man von dem ursprünglichen Lichtstrom Φ die Summe

$$\Phi \left(1 + A + A^2 + \cdots \cdots \right) = \Phi \cdot \frac{1}{(1 - A)}$$

ausgenützt. Der Koëfficient A erreicht bei weissen Flächen den Werth 0,90. Nehmen wir ihn jedoch z. B. nur mit 0,5 an, so würde der Saal zweimal glänzender beleuchtet erscheinen als bei schwarzer Farbe der Wände.

Erleuchtet man einen Raum, dessen Wände mit schwarzem Tuch bedeckt sind, mit einer Lichtquelle von 100 Pyr, so sind zur Erzielung der gleichen Beleuchtung (in Lux) für denselben Raum erforderlich:

wenn er mit dunkelbrauner Tapete bekleidet ist 87 Pyr,
-    -   -   blauer   -   -   -   75 -
-    -   -   hellgelber   -   -   60 -

Derselbe Raum erfordert, wenn er mit naturfarbiger, hölzerner Wandverkleidung versehen ist, etwa 50 Pyr, wenn er mit altem und dunklem Pancel geziert ist, 80 Pyr. Dagegen sinkt die zur Erzielung gleicher Lux erforderliche Intensität auf 15 Pyr, wenn die glatten Wände des Raumes geweisst sind.

Diese Zahlen beruhen auf den Beobachtungen Dr. Sumpner's über das Reflexionsvermögen verschiedener Oberflächen und lassen deutlich erkennen, wie gross der Einfluss der Dekoration eines Raumes auf seine Beleuchtung ist.

Tabelle des Reflexionsvermögens verschiedener Oberflächen nach Dr. Sumpner.

Weisses Löschpapier	82 Proc.
Gewöhnliches Schreibpapier	70 -
Zeitungspapier	50—70 -
Gelbe Tapete	40 -
Blaue -	25 -
Braune -	13 -
Tiefchokoladenfarbene Tapete	4 -
Reine Holzbekleidung	40—50 -
Schmutzige Holzbekleidung	20 -
Gelbgetünchte Wand (rein)	40 -
- - (schmutzig)	20 -
Schwarzes Tuch	1,2 -
Schwarzer Sammt	0,4 -

Da es nun unmöglich ist, vermittelst genauer Rechnungen sich für alle Fälle sicheren Aufschluss auf einfache Weise zu verschaffen, so hält man sich an Mittelwerthe, die aus analogen Ausführungen bestimmt werden. Dabei setzt man entweder die Anzahl der zur Verwendung gelangten Lichtquellen selbst, oder ihre Intensität in Pyr ausgedrückt, in Beziehung zu jener Grösse, die das zu beleuchtende Objekt am besten charakterisirt. Bei grossen Sälen bezieht man sich etwa auf die Anzahl der Kubikmeter des Raumes, welche auf eine Lampe oder

Herzog u. Feldmann.   3

ein Pyr entfallen; bei einer Bodenbeleuchtung bezieht man
die Angabe auf die Quadratmeter Grundfläche; bei Wohn-
räumen auf die Anzahl der Fenster; bei Werkstätten, Bureaux,
Theaterräumen, bei Gefangenhäusern auf den Mann; bei Spitälern auf das Bett; bei Ställen auf das Thier u. s. f. Solche
Zahlen werden oft nur zur statistischen Vergleichung der Verhältnisse aufgestellt, wie z. B. die Anzahl der Normalkerzen
(der Pyr) für je einen Einwohner für verschiedene Städte.
Ihr Werth hängt daher ganz vom Materiale ab, aus welchem
die Ermittlung vorgenommen wird. Die richtige Verwendung
setzt die Kenntniss dieser einzelnen Fälle voraus, aus welchen
die Mittelwerthe stammen.

Nur so können dieselben den speciellen Anforderungen
des eben vorliegenden Falles entsprechend abgeändert werden.
Gewöhnlich hilft dabei der Umstand, dass die Gruppen der
Lampenvertheilung durch andere Verhältnisse, etwa durch die
Architektonik des Saales, die Dekoration desselben, oder den
Zweck, dem er zu dienen hat, in den Hauptzügen vorge-
schrieben werden. Man benutzt dann die Mittelwerthe nur,
um die den einzelnen Gruppen, den Kronleuchtern, den Wandarmen etc. zuzuweisenden Lampen ermitteln zu können. Die
Frage der Beleuchtungskörper ist, wie man sieht, mit dem
vorliegenden Thema im grundsätzlichen Zusammenhange.

13. Strassenbeleuchtung.

Zur Strassenbeleuchtung werden sowohl Bogen- als Glühlampen verwendet. Erstere würden ausschliesslich den Vorzug
geniessen, wenn gegen ihre Anwendung nicht finanzielle
Gründe sprechen würden. Die Bogenlampen werden in der
Regel mit einer Stromstärke von 10—16 Ampère benutzt und
in Entfernungen von 40—80 Meter in einer Höhe von 6 bis
9 Meter gesetzt. Die Anordnung wird dabei entweder in einer
einzigen Reihe oder in zwei Reihen wechselständig stattfinden
können. Für den ersten Fall eignet sich bei geringer Strassen-
breite die Aufhängung auf einem Drahtseil in der Mitte der
Strasse; bei breiteren Strassen ordnet man die Lampen häufig
auf Säulen, ebenfalls in der Mitte der Strasse an.

Ist dies aus Verkehrsgründen nicht gestattet, so wird man seitlich die Bogenlampenständer am Rande des Bürgersteiges aufstellen. Diese Bogenlichtbeleuchtung wurde bisher nur in den verkehrreichsten Strassenzügen grösserer Städte durchgeführt, während die schwächere Strassenbeleuchtung durch Glühlampen in ökonomischer, wenn auch oft nur bescheidenen Ansprüchen genügender Weise erreicht wird. Die Glühlampen von 10 oder 16 Pyr werden auf Ständern oder an Wandarmen in einer Höhe von 3,3—3,6 Meter und in Distanzen von 25 bis 50 Meter gesetzt. Oft wird in den unwichtigen Strassen selbst diese Distanz überschritten, gilt es doch nur in solchen Fällen die Richtung der Strasse zu markiren und kommt es nicht auf die erzielte Beleuchtung an, von der dabei zu sprechen überhaupt etwas schwer fällt. Ein glänzendes Beispiel für die Richtigkeit dieser Ansicht bietet die von der A.-G. Helios ausgeführte Beleuchtung des Nordostseekanals; bei dieser langen Strecke wird eine vollkommen genügende Tracenbeleuchtung dadurch erzielt, dass zu beiden Seiten des etwa 98 km langen, 60 m breiten Kanals Glühlampen, deren Intensität 25 Pyr beträgt, in Abständen von im Mittel 100 m von einander angeordnet sind. Beleuchtet im eigentlichen Sinne des Wortes sind nur die Schleusen und die Gebäude und Häfen an den beiden Endstationen des Kanals.

In den meisten Städten wird ein Theil der Lampen nach Mitternacht abgestellt. Nur in Anlagen mit Wasserkraft und wo die Strassenglühlampen ein separates Netz besitzen, wird dem geringeren Bedürfnisse an Licht nach Mitternacht durch Herabsetzen der Spannung der Glühlampen statt der Einzelabstellung der halbnächtigen Lampen genügt werden. Die Anforderungen an die öffentliche Beleuchtung sind für verschiedene Städte je nach Bauart und der Gegend sehr verschieden; während sich für eine grössere Anzahl nordamerikanischer Städte für den regeren Theil derselben für je 30—50 m eine Strassenlaterne, oder 20—30 Laternen pro 1 km Strassenzug, als übliches Maass der öffentlichen Beleuchtung ergab, fand man für die inneren Stadttheile von Berlin, Hamburg, Köln, Dresden und anderen deutschen Grossstädten den Abstand nur mit 20—30 m, so dass 40—50 Laternen auf 1 km Strassenlänge entfallen.

Während Berlin 88 Proc. ganznächtiger Laternen aufwies, zeigte Wien nur 40 Proc. Noch viel mehr differirt die Anzahl Quadratmeter Strassenfläche, welche einer Laterne oder gar einem Pyr entsprechen.

So erhält man für eine Bogenlichtbeleuchtung, welche besser als Vollmondschein sein soll, pro 1 qm Bodenfläche ca. 1,5 Pyr, wobei man dieselbe aus der hemisphärischen Intensität der Bogenlampe sammt Glaskugel zu berechnen hat. Für bessere Glühlichtbeleuchtung auf Strassen dagegen pro Pyr über 20 qm, oder pro 1 qm Bodenfläche unter 0,05 Pyr.

Bei Stadtbeleuchtungsprojekten taucht auch öfters die Frage der wahrscheinlichen Grösse der öffentlichen Beleuchtung auf und liegt es nahe, die Einwohnerzahl in Beziehung auf die Laternenanzahl einer statistischen Untersuchung zu unterziehen. Man findet, dass auf je 100—50 Einwohner eine öffentliche Lampe entfällt. Nur Kurorte gehen auf 20 herunter, weil hier nicht die Einwohner, sondern die Besucher maassgebend werden.

In ganz vorzüglicher Weise hat Henri Maréchal die Beleuchtung studirt, welche die in Paris aufgestellten Bogenlampen in den einzelnen Strassen hervorrufen. Wir folgen hier seinen Ausführungen und haben auch die folgenden Figuren 28 und 29 seinem ausgezeichneten Werke „L'Éclairage à Paris" entnommen.

Es sei eine Strasse mit einer Reihe in gleicher Höhe h angeordneter und gleich intensiver Lichtquellen L_1, L_2, L_3 .... L_n ausgestattet; dann wird ein in den Entfernungen x_1, x_2, x_3 .... x_n von diesen Quellen entfernter Punkt P eine Gesammtbeleuchtung E erhalten, welche der Resultante der von den einzelnen Lichtquellen herrührenden Beleuchtungen e_1, e_2, e_3 .... e_n gleich ist.

$$E = e_1 + e_2 + e_3 + \dots e_n.$$

Man könnte diese Beleuchtung berechnen, indem man für jeden Theil derselben die Beziehung

$$e_n = \frac{J \cdot \cos \theta}{h_n{}^2 + x_n{}^2}$$

anwendet, in welcher J die Intensität der einander gleichen Lichtquellen bedeutet. Da dieses Verfahren aber umständlich ist, schlägt Maréchal die Verwendung der Kurve der Beleuchtungen vor.

Sei CD (Fig. 26) die photometrisch ermittelte oder berechnete Kurve der von einer der Bogenlampen auf dem Boden erzeugten Beleuchtungen, deren Abscissen die Entfernungen vom Fusspunkte des Kandelabers x_1, x_2, x_3 ... x_n, deren Ordinaten die entsprechenden Beleuchtungen e_1, e_2, e_3 .... e_n sind. Man kann dann die ohnehin einfache Ermittelung der Gesammtbeleuchtung E noch dadurch wesentlich

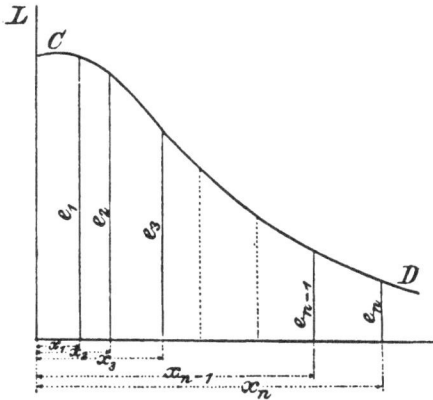

Fig. 26.

Ermittelung der Bodenbeleuchtung nach Maréchal.

vereinfachen, dass man z. B. die Beleuchtungen e_4, e_5, ... e_n ganz ausser Acht lässt, sobald ihre Summe kleiner ist als

$$\frac{e_1 + e_2 + e_3}{10}.$$

Dies ist zulässig, weil die Genauigkeit photometrischer Ermittelungen der Beleuchtung von Strassen kaum 10 Proc. überschreitet. Da ausserdem mit wachsender Entfernung die Beleuchtungen sehr stark abnehmen, wird es in den meisten Fällen genügen, zwei oder drei Kandelaber zur Ermittelung der Beleuchtung eines bestimmten Punktes in Betracht zu ziehen.

Da die Kandelaber in den Strassen zumeist symmetrisch gestellt sind, genügt es, die Betrachtung nur auf die Punkte

einer ziemlich beschränkten Fläche auszudehnen und dann
die Punkte gleicher Beleuchtung durch Kurven zu verbinden.
Die in Paris verwendeten, mit Opalglocken versehenen
Gleichstrombogenlampen werden mit 10 Ampère gespeist,
weisen unter verschiedenen Winkeln θ folgende Intensitäten
auf und erzeugen bei verschiedenen Lichtpunkthöhen und in
verschiedenen Entfernungen folgende Beleuchtungen:

Daten zur Kurve der Intensitäten.

Winkel θ des Licht-strahls mit der Vertikalen	Intensität in Pyr
0°	815
15°	940
30°	1206
45°	1462
60°	1138
75°	903
90°	711

Daten zu den Kurven der Beleuchtungen nach Maréchal.

Lichtpunkt-höhe in m	Entfernung vom Fusse des Kandelabers in m											
	1	2	3	4	5	6	7	10	15	20	25	
4,45	21,4	21,0	18,6	15,0	10,5	6,8	4,6	1,75	0,53	0,21	0,12	Beleuch-tungen in Lux
4,95	17,3	17,1	15,8	13,4	10,5	7,1	4,9	1,93	0,57	0,25	0,13	
5,95	11,9	11,9	11,5	10,4	9,0	7,3	5,3	2,2	0,70	0,30	0,15	

Hat man die Kurve der Beleuchtungen ermittelt, so kann
man für einen gegebenen Fall leicht die Vertheilung der Beleuchtungen über die ganze Strassenfläche ermitteln. Die
Fig. 27 und 28 sind von Maréchal entworfen und zeigen
die Vertheilung des Lichtes und der Lichter für die etwas ab-
gelegene Avenue Clichy und für die grossen Boulevards. Im
ersten Falle sind die auf 4,95 m hohen Kandelabern angebrachten 10 Ampère-Lampen versetzt angeordnet und 50 m
von einander entfernt; die punktirten Linien zeigen die Sym-
metrieaxen für die Kurven gleicher Beleuchtung; die letzte
der gezeichneten Kurven entspricht noch 0,4 Lux, die mittlere
Beleuchtung beträgt 2,2 Lux.
Im zweiten Falle sind mitten auf der Fahrstrasse in 80 m

Entfernung zwei Kandelaber und in der halben Entfernung davon zwei weitere, auf dem Trottoir stehende Lampen angeordnet. Die Höhe der Kandelaber beträgt 5,5 m, die Höhe des

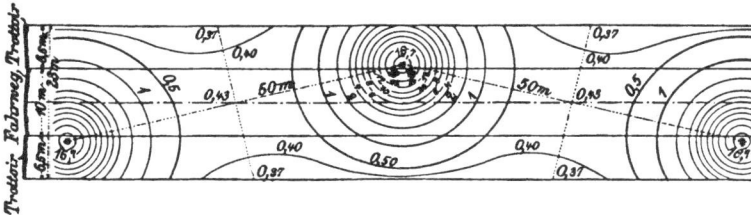

Fig. 27.
Beleuchtung der Avenue de Clichy in Paris, nach Maréchal.

Lichtpunkts 5,95 m, die Stromstärke 10 Ampère. Die mittlere Beleuchtung beträgt 3,35 Lux, doch sinkt die Beleuchtung auf

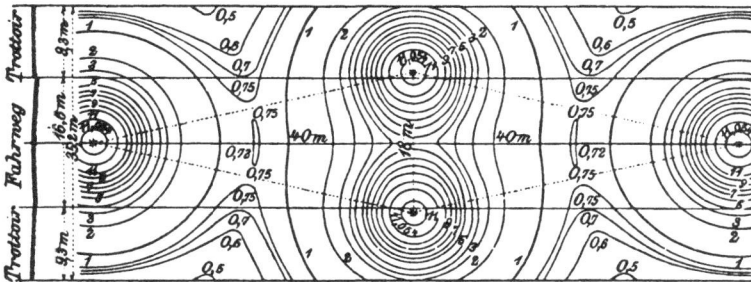

Fig. 28.
Beleuchtung der grossen Boulevards in Paris, nach Maréchal.

dem Fahrdamm bis auf 0,75, auf dem Trottoir sogar bis auf 0,5 Lux. Wegen weiterer Beispiele sei auf Maréchal's Werk verwiesen.

14. Wahl zwischen Bogenlicht und Glühlicht.

Die Entscheidung, ob Bogenlampen oder Glühlampen zur Verwendung gelangen sollen, ist für die meisten Fälle leicht zu treffen. Die Verschiedenheit des Lichtes selbst ist eine so grosse, dass nur in vereinzelten Fällen Zweifel aufkommen

können. Grosse freie Räume erhalten im Allgemeinen nur Bogenlampen, kleine Innenräume, bei welchen eine möglichst gleichmässige Erleuchtung des Raumes gefordert wird, meistens
Glühlampen. Das Auge gewinnt bei den letzteren einen
freundlicheren Eindruck. Hierzu kommt noch, dass der durch
das Glühlicht hervorgebrachte Farbenton wärmer erscheint,
wodurch die ganze innere Ausstattung solcher Räume besser
zur Geltung gelangt und die Räume selbst behaglicher erscheinen.

Der Wirkungskreis der einen oder anderen Beleuchtungs-
art ist jedoch kein scharf begrenzter und muss man in solchen
Fällen andere Momente zur Entscheidung heranziehen. Unter
diesen drängt sich am meisten das finanzielle Moment hervor.
Das Bogenlicht ist in dieser Beziehung für gleiche Anzahl
Lumenstunden im Vorrang und so kommt es öfters vor, dass
dasselbe auch dort zur Verwendung gelangt, wo das andere
Licht besseren, wenn auch weniger schreienden Effekt erzielen
würde, wie dies z. B. in Läden recht häufig zu beobachten ist.
In manchen Räumen, so in eleganten Restaurationen, Hôtel-
sälen, Cafés etc., deren Ausstattung eine hervorragend künst-
lerische ist, hat man mit Erfolg eine gemischte Beleuchtung
angewendet, indem man für die allgemeine Beleuchtung die
Bogenlampe etwa dicht unter der Decke anbrachte und das
glänzende Licht und die scharfen Schatten derselben durch
Glühlicht dämpfte. Hauptsache bei einer solchen Disposition
wird sein, die aufdringliche Bogenlampe dem Auge möglichst
zu entziehen; denn der Eindruck der Glühlampen fällt wegen
ihres geringeren Glanzes recht ärmlich aus, wenn das Auge
vorher auf die Bogenlampe selbst direkt gerichtet war. Bei
Beleuchtung von Gemäldeausstellungen wird man diesem Umstande ebenfalls Rechnung tragen müssen und die Lampen
hinter Schirme stellen. Sind die Gemälde für Tageslicht ge-
malt, was in der Regel der Fall ist, so kann für die künst-
liche Beleuchtung nur die Bogenlampe in Frage kommen. Will
man die Reflexionspunkte möglichst vermeiden, so muss man
viele kleine Lampen mit recht matten Kugeln oder etwa den
von Elster empfohlenen Schirm anwenden, damit das hier-
durch erreichte diffuse Licht eine gleichmässige und zugleich
milde Wirkung hervorbringt.

Eine eigenartige und in ihrer Wirkung äusserst glückliche
Lösung ist durch Siemens und Halske für die Beleuchtung
der Schulte'schen Gemäldeausstellung in Köln zur Anwendung gelangt. Man hat dort die mit Wechselstrom gespeisten
Lichtbögen nahe der Decke der dunkelgehaltenen Ausstellungs-
räume in undurchsichtigen, mit Ausschnitten versehenen Glocken
untergebracht, sodass das Licht des freien Bogens ungeblendet
durch die Ausschnitte auf die Gemälde fallen kann, während
der Lichtbogen selbst dem Auge vollkommen verborgen bleibt.
Die Glocken sind aus Kupferblech hergestellt und die Ausschnitte in denselben verschiedenartig und unregelmässig
gestaltet, wie es eben die Art und Grösse der an bestimmten
Stellen anzubringenden Gemälde erfordern.

15. Bogenlicht für freie Plätze und gedeckte grössere Räume.

Zur Beleuchtung von freien Plätzen und grossen Hallen
ist das Bogenlicht ausschliesslich geeignet. Die Höhe des Auf-
hängepunktes wird je nach der Intensität der Lampe oder der
zu erzielenden Mindestbeleuchtung zu wählen sein. Die letztere ist nicht immer als horizontale Beleuchtung einzuführen;
in vielen Fällen wird vielmehr im Gegentheil die vertikale
in Betracht kommen müssen, weil die Beleuchtung der daselbst
befindlichen aufrechten Gegenstände in Frage kommt. Bei
Beleuchtung eines Eisenbahngeleises z. B., wo man beobachten
soll, ob ein niedriger Gegenstand auf den Schienen liegt, ist
gewiss die erste Angabe zu berücksichtigen; in einer Bahnhof-
halle dagegen die vertikale, weil die Seitenflächen der Waggons
gut belichtet sein sollen.

Man kann für einige Beleuchtungsobjekte Mittelwerthe an-
geben, welche sich auf 1 m² und die darauf entfallende Intensität in Pyr beziehen. Letztere ist aus der hemisphärischen
Intensität des Lichtbogens mit Glasglocke zu nehmen.

Beleuchtungsobjekt	Von der hemisphärischen Intensität der Bogenlampe mit Glasglocke ist für 1 m² Bodenfläche zu rechnen
Restaurationen, grosse Geschäftslokale und Koncertsäle	zwischen 8—4 Pyr
Fabrikhallen	- 4—2 -
Bahnhofhallen, Markthallen . . .	- 2—1 -
Höfe von Fabriken	- 1—0,5 -

Die grössten Aufgaben in Hinsicht auf Hallenbeleuchtung stellen die Ausstellungen. Wir wollen als Beispiel die Maschinenhalle der Pariser Ausstellung des Jahres 1889 und diejenige des Industriegebäudes in Chicago 1893, welche die allergrösste Halle der Welt war, einer näheren Beschreibung unterziehen.

Die Maschinenhalle in Paris hatte eine Bogenweite von 380, eine Tiefe von 106 und eine Höhe von 46 m. Die Hauptbeleuchtung lieferten 4 Gruppen Bogenlampen in der Mitte mit je 12 Lampen von je 60 Ampère. Ausser diesen waren noch 86 Bogenlampen in Verwendung, die in fünf Längsreihen 15 m hoch angebracht waren. Jede derselben wurde durch einen Strom von 25 Ampère gespeist. Rechnen wir für 1 Ampère 70 Pyr hemisphärische Intensität bei Berücksichtigung der Abschwächung durch die Glasglocke, so erhalten wir als Gesammtintensität:

$$(48 \cdot 60 + 86 \cdot 25) \cdot 70 = 352\,100 \text{ Pyr.}$$

Die Grundfläche mit 39000 m² angenommen, ergiebt pro m² der letzteren 8,2 Pyr.

Die Industriehalle in Chicago hatte eine Bogenweite von 380 für den mittleren Theil, eine Tiefe von 108 m und eine Höhe von 64 m. Wir geben eine Ansicht derselben in Fig. 29, die wir dem Electrical Engineer, New-York, verdanken. Für die Beleuchtung derselben waren 5 sehr grosse Lustres, in der Längsaxe vertheilt, angeordnet. Dieselben bestanden wesentlich aus Reifen, von denen der mittlere 23 m und die anderen 18 m Durchmesser hatten. Der Mittellustre trug 102 Bogenlampen, die übrigen je 78, alle mit 10 Ampère Stromstärke;

bei jedem waren die Bogenlampen in zwei Ringen untereinander angebracht, damit die Schatten an Schärfe verloren.
Die Höhe derselben vom Fussboden betrug 43 m.

Die Gesammtintensität ergiebt sich zu

$$414 \times 10 \times 70 = 289\,800 \text{ Pyr.}$$

Die innere Grundfläche mit 41 040 m² gerechnet, ergiebt
pro m² Bodenfläche 7 Pyr.

Vergleicht man dieses Resultat mit der gegebenen Tabelle, so sieht man, dass sich diese Beleuchtung den grössten

Fig. 29.
Beleuchtung der Industriehalle auf der Weltausstellung in Chicago.

Werthen einreiht. In der That soll die Halle die pièce de ré-
sistance gebildet und zum regen Abendbesuch der Ausstellung,
— eine wichtige Frage in finanzieller Hinsicht, — viel beige-
tragen haben.

Es ist interessant, im Gegensatz zu diesen Angaben über
Ausstellungsbeleuchtung auch die Beleuchtung der grossen
Kuppelhalle des neuen Reichstagsgebäudes zu studiren. Diese
Halle ist ein Oktogen von beiläufig 21 m Durchmesser und
21 m Höhe und enthält nur einen grossen Lustre, der von
L. A. Riedinger, Augsburg, geliefert und von O. Dedreux
entworfen ist. Dieser Ringlustre, der mit Absicht sich dem

von Kaiser Barbarossa gestifteten Kronleuchter im Münster zu
Aachen anschliesst, besitzt 8 m Durchmesser, würde seine nor-
male Stellung 10 m über dem Boden erhalten und trägt
12 Bogenlampen von je 15 Ampère und 120 Glühlampen von
je 30 Pyr, von denen die letzteren zur Beleuchtung der Decken-
gemälde und zur Erhellung des kunstvollen Lustres selbst bestimmt sind, während die Bogenlampen die allgemeine Beleuchtung bewerkstelligen.

An dem Ringe sind tabernakelartige Gehäuse angebracht,
welche die Statuen berühmter Deutscher enthalten; zwischen
ihnen befinden sich die Wappen derjenigen Fürstengeschlechter,
die Deutschland Könige und Kaiser gegeben haben. Die Bogenlampen hängen in laternenförmig ausgebildeten Gehäusen unmittelbar unter den Wappen. Die prismatisch gestalteten
Gläser dieser Laternen vermindern die Schatten der Bogen-
lampenspangen und reflektiren einen Theil des Lichtes zur
Decke. Die Glühlampen sind in gothisch ornamentirtem Ast-
werk angebracht, und können für die Ermittelung der Bodenbeleuchtung ausser Acht bleiben.

Die Gesammtintensität beträgt hiernach

$$12 \times 15 \times 70 = 12600 \text{ Pyr}$$

und da der Saal mit Vorhallen etwa 600 m² Grundfläche auf-
weist, würden pro m² 21 Pyr vorhanden sein, wenn nicht die
dioptrische Verglasung der Laternen viel Licht absorbiren und
zerstreuen würde. Immerhin muss die Beleuchtung des ganzen
Raumes, bei welchem auf den m³ etwa 1,3 Pyr entfallen, als
eine glänzende und künstlerisch vollendete bezeichnet werden.

16. Glühlicht für Innenbeleuchtung.

Die Bestimmung der Glühlampen nach Zahl und Stärke
soll hier nur insoweit in Betracht kommen, als es sich um die
Ermittlung der nothwendigen allgemeinen Beleuchtung
von Innenräumlichkeiten handelt, während diejenigen Fälle,
wo durch den Zweck, dem der Raum zu dienen hat, das Licht-
erforderniss mehr oder weniger bereits gegeben erscheint, von
den folgenden Betrachtungen nicht berührt werden. Dies ist z. B.

der Fall bei der Beleuchtung von industriellen Etablissements, Spitälern, Gefangenhäusern, Theatern, Schiffen etc.

Die Mittelzahlen, welche für die allgemeine Raumbeleuchtung angegeben werden, stammen meistens aus der Praxis der Gastechniker, und da die Gasflamme in der Wirkung sich nicht wesentlich von der Glühlampe unterscheidet, kann man dieselben ohne Weiteres benutzen.

So giebt das deutsche Bauhandbuch an, dass für gewöhnliche Zwecke und unter Voraussetzung von nicht dunklen Wänden und Deckenfarben auf 30—40 m³ Rauminhalt eine Lampe von 16 Pyr oder pro m³ 0,4 bis 0,5 Pyr zu rechnen sind. Für festliche Räume ist dies jedoch ungenügend. Man kann hier eine Lampe auf je 20—30 m³ Raum oder 0,5 bis 0,8 Pyr pro m³ beziehen. Bei dieser Berechnung ist der Höhe des Raumes der gleiche Einfluss auf das Resultat gestattet, wie der Länge und Breite. Die Aufhängehöhe der Beleuchtungskörper steigt jedoch mit der Raumhöhe nicht proportional. Man geht dabei nicht unter 2 m für das unterste Ende derselben und in grossen Sälen nur bis zu einem Drittheil der Höhe des Raumes. Ausserdem wird man auf die glänzendste Beleuchtung der im Raume befindlichen Gegenstände vor Allem Gewicht legen, und es erscheint daher gerechtfertigt, die Mittelwerthe nur auf diese beiden Faktoren, Grundfläche und tiefsten Lustrepunkt, zu basiren, wie dies die folgende Zusammenstellung zeigt:

Mittelgute, angemessene Beleuchtung bei einer Aufhängehöhe über dem Fussboden von

2,0	2,5	3,0	4,0	4,5	5,5	6 m

eine Glühlampe von 16 Pyr für eine Bodenfläche von

8,0	7,0	6,2	6	5,8	5,6	5,5 m²

oder pro m²

2	2,3	2,6	2,66	2,76	2,86	2,9 Pyr.

Da die Anzahl der Glühlampen auch von der Wahl des Lustres abhängt, so empfiehlt es sich, diese beiden Arten der Ueberschlagsrechnung, nämlich Glühlampen auf den Rauminhalt und auf die Bodenfläche bezogen auf die Einheit der Intensität weiter zurückzuführen. Auf diese Weise erhält man pro m³ Rauminhalt für gewöhnliche Ansprüche 0,4 bis 0,5 Pyr und für festliche Beleuchtung 0,5 bis 0,8 Pyr, also ¹/₂ bis ³/₄ Pyr, je nach den Verhältnissen. Für die Berücksichtigung der Aufhängehöhe dagegen bei 2 m Höhe pro m² 2 Pyr und bei 6 m 3 Pyr, also zwischen 2 bis 3 Pyr, bei günstiger Farbe der Wände oder der Dekoration. Zwischen diesen Grenzen wird man nicht nur die Aufhängehöhe als entscheidend wirken lassen, sondern sich von dem Charakter des Saales, dem Zwecke, dem er zu dienen hat, also seiner Bestimmung, noch beeinflussen lassen. Um dies zu erleichtern, kann etwa die folgende Tabelle benutzt werden, welche dem Hilfsbuch zur Anfertigung von Projekten und Kostenanschlägen (Springer, Berlin, 1894) der Allgemeinen Elektricitäts-Gesellschaft Berlin, entnommen ist.

Mittlerer Lichtbedarf für elektrische Beleuchtungsanlagen:

Elegante Wohnungen:

a) Salons	4—5 Pyr pro m²,
b) Wohn- u. Speisezimmer . .	3—3,5 - - -
c) Schlafzimmer	1,5—2 - - -
d) Nebenräume	1—2 - - -

Büreauräume:

a) Hauptbüreau	5—6 - - -
b) Nebenbüreau	2—2,5 - - -
c) Personalbüreau	1,5—3 - - -

Geschäftslokale:

a) Verkaufsläden ohne Auslagen	4—7 - - -
b) Komptoirs und Lagerräume	2—2,5 - - -
c) Schaufenster	50—100 - - laufend. m,

Hôtels:

a) Gesellschaftszimmer . . .	5—7 - - m²,
b) Elegante Hôtelzimmer . .	3—4 - - -
c) Einfache - . .	2—3 - - -
d) Korridore und Nebenräume	1—1,5 - - -
e) Wirthschaftsräume	1—2 - - -
f) Festraum	9—13 - - -

Ein wesentlichster Punkt in der Benutzung solcher roher Mittelwerthe liegt in der Vertheilung der Lampen zu entsprechenden Lampengruppen. Diese Aufgabe wird durch die architektonische sowie dekorative Anforderung bestimmt und

lässt sich daher vom allgemeinen Standpunkte aus wenig Zu-
verlässiges sagen.

Einige Gesichtspunkte sollen trotzdem hier Platz finden.
Die bestimmte Gesammtzahl von Pyr für einen Raum wird in
zwei Hauptgruppen zu theilen sein: die Mittelbeleuchtung,
welche durch Kronleuchter oder Lustre, und die Seiten- oder
Wandbeleuchtung, welche durch Wandarme besorgt wird.
Die Mittelgruppe überwiegt bei Weitem die letztere, welche
sich in der Regel unter dem Dritttheile der ersteren bewegt,
oft auch ganz, bei kleineren Räumen, verschwindet. In manchen Fällen tritt zu diesen beiden Hauptgruppen noch eine
dritte hinzu, nämlich die Deckenbeleuchtung. Gerade das
Glühlicht hat, wie z. B. in der Kuppel des Reichstagsgebäudes,
durch die grosse Freiheit, welche es in der Verwendung zu-
lässt, die letztere Art der Beleuchtung hier und da in schön-
ster Weise zur Entwicklung gebracht. Die Anzahl der Kronleuchter wird von der Form des Saalgrundrisses abhängen.
Wenn ein Raum von circa 10 m Länge der Seiten soweit von
der quadratischen Form abweicht, dass die Breite kleiner ist,
so empfiehlt es sich, mehrere Kronleuchter anzubringen. Zu
diesem Zwecke theilt man den Grundriss in mehrere annähernd
quadratische Beleuchtungsfelder und bestimmt für jedes derselben die nothwendige Lampenzahl separat. Im Allgemeinen
wird man auf diese Weise zu mehreren Alternativlösungen
gelangen, indem man z. B. einen grossen Mittellustre und in
der Längsaxe des rechteckigen Grundrisses mehrere kleinere
oder durchaus gleiche Beleuchtungskörper anwendet. Die
richtige Wahl wird in den meisten Fällen durch andere Be-
dingungen erleichtert. Ist sie getroffen, so wird es sich in
sehr wichtigen Fällen immerhin empfehlen, die Bodenbeleuchtung nach der strengen Rechnung zu ermitteln und im Grund-
risse für jeden Beleuchtungskörper einige Kreise gleicher Be-
leuchtungsintensität einzutragen. Man gewinnt auf diese Weise
ein überaus klares Bild von der Wirkung der getroffenen Licht-
disposition und kann, wenn dieselbe ungenügend ausfällt, leicht
auf die nothwendigen Aenderungen schliessen. Bei der Aufgabe, diese Helligkeitskreise für die einzelnen Beleuchtungskörper einzuzeichnen, findet man die Sachlage insolange einfach, als man die Dimensionen derselben im Vergleich zum

Abstande vom Fussboden vernachlässigt. Für die Praxis wird man die Lichtmasse immer in einem Punkte unterhalb des Schwerpunktes desselben koncentrirt annehmen. Obzwar bei grossen Kronleuchtern, bei welchen die Lampen in zwei und drei Etagen angeordnet sind und ausserdem die Ausladung des mittleren Lampenkranzes des besseren Effektes wegen bedeutend ist (nicht unter $1/_7$ der Raumbreite), eine genauere Ermittelung der Lichtwirkung in heiklen Sonderfällen wohl am Platze wäre, muss man der Komplicirtheit wegen auch dann davon absehen.

Der Grund liegt in Folgendem: Es liegt die Frage nahe, ob man einen Lustre durch einen einzigen Lichtpunkt mit derselben Gesammtintensität und von genau derselben Licht-

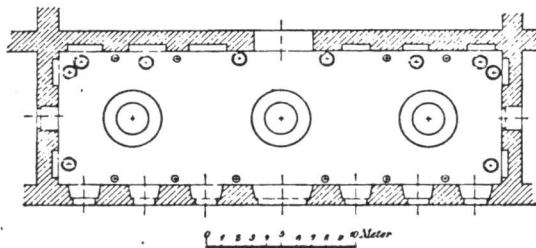

Fig. 30.
Grundriss des Festsaales im Königsschlosse zu Budapest.

wirkung ersetzen kann. Da die Helligkeiten demselben Gesetze wie die Massenanziehungen folgen, so sind die Resultate der Potentialtheorie hierfür unmittelbar anwendbar. Letztere erhält in dem Satze von der äquivalenten Massentransposition, welcher besagt, dass sich anstatt einer beliebig gegebenen Massenvertheilung eine andere auf einer Fläche mit dem Erfolge gleicher Wirkung substituiren lässt, die Aufklärung, dass wir unsere Lampen höchstens durch eine leuchtende Fläche ganz innerhalb derselben ersetzen können.

Als Beispiel zu diesen Auseinandersetzungen sei der grosse Festsaal in der Königl. ung. Burg zu Budapest angeführt, dessen feenhafte Beleuchtung uns jedenfalls mit die höchsten Werthe ermitteln lässt, welche überhaupt in Frage kommen können. In Fig. 30 ist der Grundriss derselben, ferner in

Fig. 31 die photographische Aufnahme ersichtlich. Die Seitenwände sind in lichtgelber Marmormasse und eingelegten
Spiegelflächen recht wirksam. Die Decke ist ganz weiss gehalten. Die Länge des Saales beträgt 30, die Breite 9,7 m, so
dass wir mit einer Grundfläche von 291 m² zu rechnen haben.
Die Höhe des Raumes ist 9,5 m, daher der Kubikinhalt 2764 m³.

Fig. 31.
Ansicht des Festsaales im Königsschlosse zu Budapest.

Die centrale Beleuchtung besorgen 3 Lustre mit je 80 Glühlampen à 10 Normalkerzen, die Wandbeleuchtung zwei Reihen
von Wandarmen. Die untere ungefähr im ersten Drittheil der
Höhe (in der Fig. 30 mit einem Doppelkreise gekennzeichnet)
enthält 12 Wandleuchter mit je 13 Glühlampen von 5 Pyr, die
obere Reihe 8 Wandarme von je 19 Lampen à 5 Pyr. Die
Gesammtintensität berechnet sich wie folgt:

3 Kronleuchter à 80 Lampen zu je 10 Pyr = 2400
12 Wandarme à 13 Lampen zu 5 Pyr   = 780
 8 Wandarme à 19 Lampen zu 5 Pyr   = 760
                              zusammen 3940 Pyr

so dass pro m³ Inhalt 1,4 Pyr, auf die Einheit der Grundfläche 13,5 Pyr entfallen, Zahlen, welche die Bemerkung bezüglich des glänzenden Effektes erklärlich machen. Die letzte
Zahl führt irre, sie lässt eine abnorme Bodenbeleuchtung er-

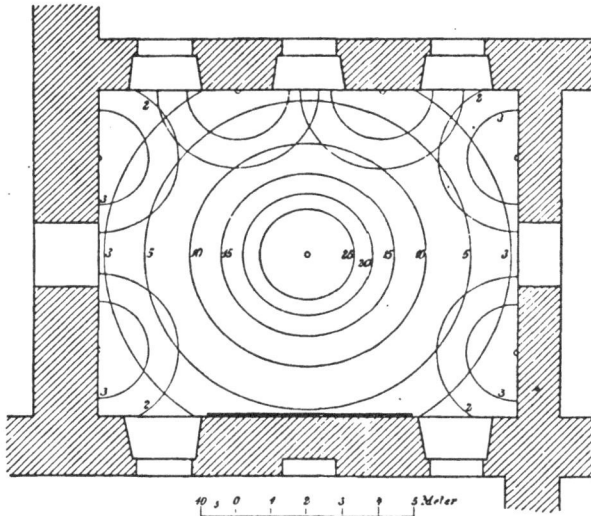

Fig. 32.
Grundriss eines Prunksaales im Königsschlosse zu Budapest.
(Die Zahlen an den Kreisen bedeuten Meterkerzen à 1,2 Lux.)

warten, die thatsächlich nicht auftritt, weil man in Bezug auf
den Boden die obere Reihe von Wandarmen, d. h. 760 Pyr,
sowie von den Mittellustren die Wirkung der oberen Kränze
zu je 270, d. h. 810 Pyr, in Abzug bringen kann. Sie sind
der Deckenbeleuchtung wegen aufgenommen. In Berücksichtigung dieser Reduktion erhält man für die Grundfläche pro
m² 8,2 Pyr, einen Werth, der sich gut erklären lässt.

    Als zweites Beispiel sei ein weiterer Prunksaal, Fig. 32
und 33 angeführt, der ebenfalls in der Königl. ungarischen

Hofburg in Budapest sich befindet. Der Raum hat bei einer Höhe von 4,5 m eine Länge von 12 und eine Breite von 10 m, einen Mittellustre von 56 Glühlampen à 5 Pyr und 6 Wandarme von je 7 Glühlampen à 5 Pyr. Wir haben einige Intensitätskreise ausgerechnet unter der Annahme, dass das Licht des Lustres und der Seitenarme in einer Höhe von 3 m koncentrirt gedacht wird. Man sieht, dass die Bodenbeleuchtung

Fig. 33.
Ansicht des Prunksaales im Königsschlosse zu Budapest.

selbst bei den ungünstigsten Stellen 5 Meterkerzen nicht unterschreitet. Die Beleuchtungskreise von den einzelnen Beleuchtungskörpern müssten durch andere aus der Summation der ersteren gebildete ersetzt werden, denn es ist klar, dass die resultirenden Beleuchtungslinien sich nicht schneiden können. Mit Rücksicht auf praktische Zwecke genügt jedoch auch die Konstruktion in Fig. 33.

Die eine Wandfläche ist durch ein Gemälde geziert. Für

4*

dasselbe ergiebt sich eine Helligkeit von ca. 11 Meterkerzen
= 13,2 Lux, jene Stärke, welche wir zum deutlichen Sehen als
nothwendige bezeichnet haben.

17. Illuminationseffekt der Lichtquellen.

Wir haben bis jetzt die Bogenlampe und Glühlampe in
Bezug auf die Helligkeit besprochen, welche sie den beleuchteten Objekten ertheilt. In einigen Fällen, wie z. B. bei der
vorerwähnten Tracenbeleuchtung des Nordostseekanals, benutzt

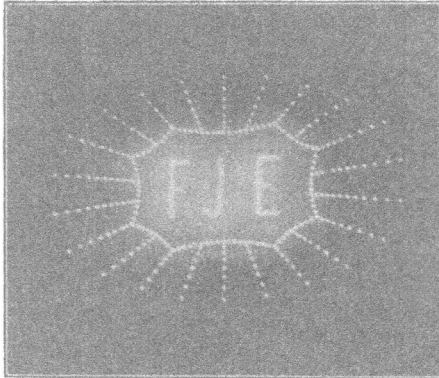

Fig. 34
Embleme aus Glühlampen.

man sie selbst als leuchtendes Objekt; das Bogenlicht nament-
lich bei den Leuchtthürmen, die Glühlampen zu Signalzwecken
oder zu Illuminationsbeleuchtungen bei festlichen Anlässen etc.
Zu diesem Behufe muss man Glühlampen von entsprechender
Lichtstärke in bestimmten Entfernungen von einander so an-
bringen, dass das Auge in der in Betracht kommenden Entfernung die einzelnen Lampen noch deutlich unterscheiden
kann. Für kleinere Distanzen nimmt man Lampen von geringer Leuchtkraft, so dass die Konturen der Embleme etc.
als reine Linien vom dunklen Hintergrunde abstechen. Bei
grösseren Distanzen hat man nachzurechnen, ob nicht der

kleinste Gesichtswinkel unterschritten wird, unter welchem überhaupt ein Gegenstand scharf gesehen werden kann. Dieser

Fig. 35.
Gerüst zu dem Embleme Fig. 34.

Winkel hängt von der Lichtstärke und der Farbe der Glüh-lampe, von der Natur des Hintergrundes und der Individualität

der Augen ab. Für ein gewöhnliches Auge ist bei mässiger
Beleuchtung ein Gegenstand noch unter einem Winkel von
30 Sekunden gut sichtbar, man wird jedoch diese Zahl nur
vorsichtig verwenden und gut thun, von Fall zu Fall einen
kleinen Vorversuch anzustellen, da der Einfluss von Neben-
dingen den Werth der Rechnung illusorisch machen kann.

Ein Beispiel, welches in den Fig. 34 und 35 dargestellt ist,
soll hier angeführt werden. Gelegentlich des 25jährigen
Königsjubiläums hat die Firma Ganz & Co. in Budapest auf
dem Dache der Fabrik ein hohes Gerüst aufführen lassen, um
ein Embleme, bestehend aus 283 Glühlampen, zu befestigen.
Die Buchstaben erhielten 111 Glühlampen à 16 Normalkerzen
mit kleinen Reflektoren, während in den Strahlen des Em-
blemes 172 Glühlampen à 10 Normalkerzen ohne Reflektoren
zur Anwendung kamen. Die Höhe der Buchstaben betrug
5,2 m. Das ganze Embleme maass 33 m in der Breite, 21 m
in der Höhe. Selbst bis zu einer Entfernung von 2 km waren
die Konturen scharf zu entnehmen und war der Eindruck in
dunkler Nacht, wo das Gerüst vollkommen zurücktrat und nur
die leuchtenden Punkte zur Geltung kamen, ein brillanter.

Verlag von Julius Springer in Berlin u. R. Oldenbourg in München.

E. Arnold.

Die Ankerwicklungen der Gleichstrom-Dynamomaschinen. Entwicklung und Anwendung einer allgemein gültigen Schaltungsregel. Mit zahlreichen in den Text gedruckten Figuren. *Vergriffen. Neue Auflage in Vorbereitung.*

Bedell-Crehore.

Theorie der Wechselströme. Autorisirte deutsche Ausgabe bearbeitet von Alfred H. Bucherer, Ithaca, N.Y. geb. in Leinwd. M. 7,—.

Thomas H. Blakesley.

Die elektrischen Wechselströme. Zum Gebrauche für Ingenieure und Studirende. Aus dem Englischen übersetzt von Clarence P. Feldmann. Mit 31 in den Text gedruckten Figuren. geb. in Leinwd. M. 4,—.

H. du Bois.

Magnetische Kreise, deren Theorie und Anwendung. Mit 94 in den Text gedruckten Abbildungen. geb. in Leinwd. M. 10,—.

M. Corsepius.

Theoretische und praktische Untersuchungen zur Konstruktion magnetischer Maschinen. Mit 13 Textfiguren und 2 lithographirten Tafeln. M. 6,—.

Leitfaden zur Konstruktion von Dynamomaschinen und zur Berechnung von elektrischen Leitungen. Zweite Auflage. Mit 23 in den Text gedruckten Figuren und einer Tabelle. M. 3,—.

J. A. Ewing.

Magnetische Induktion in Eisen und verwandten Metallen. Deutsche Ausgabe von Dr. L. Holborn und Dr. St. Lindeck. Mit 163 in den Text gedruckten Abbildungen. geb. in Leinwd. M. 8,—.

Josef Herzog und Clarence P. Feldmann.

Die Berechnung elektrischer Leitungsnetze in Theorie und Praxis. Mit 173 in den Text gedruckten Figuren. geb. in Leinwd. M. 12,—.

C. Hochenegg.

Anordnung und Bemessung elektrischer Leitungen. Mit 38 in den Text gedruckten Figuren. geb. in Leinwd. M. 6,—.

G. Kapp.

Transformatoren für Wechselstrom und Drehstrom. Eine Darstellung ihrer Theorie, Konstruktion und Anwendung. Mit 133 in den Text gedruckten Figuren. geb. in Leinwd. M. 7,—.

Dynamomaschinen für Gleich- und Wechselstrom und Transformatoren. Autorisirte deutsche Ausgabe von Dr. L. Holborn und Dr. K. Kahle. Mit zahlreichen in den Text gedruckten Figuren. geb. in Leinwd. M. 7,—.

Elektrische Kraftübertragung. Ein Lehrbuch für Elektrotechniker. Autorisirte deutsche Ausgabe von Dr. L. Holborn und Dr. K. Kahle. Zweite verbesserte und vermehrte Auflage. Mit zahlreichen in den Text gedruckten Figuren und 4 Tafeln. Preis geb. M. 8,—.

E. Müller.

Der Telegraphenbetrieb in Kabelleitungen unter besonderer Berücksichtigung der in der Reichs-Telegraphenverwaltung bestehenden Verhältnisse. Mit 26 in den Text gedruckten Figuren. Zweite Auflage. M. 1,40.

K. Zickler.

Das Universal-Elektrodynamometer. Mit 8 in den Text gedruckten Figuren. M. 1,—.

Zu beziehen durch jede Buchhandlung.

Elektrotechnische Zeitschrift.

(Centralblatt für Elektrotechnik.)

Organ des Elektrotechnischen Vereins und des Verbandes deutscher Elektrotechniker.

Redaktion: **Gisbert Kapp** und **Jul. H. West.**

Die

Elektrotechnische Zeitschrift

erscheint — seit dem Jahre 1890 vereinigt mit dem bisher in München erschienenen Centralblatt für Elektrotechnik — in wöchentlichen Heften und berichtet, unterstützt von den hervorragendsten Fachleuten, über alle das Gesammtgebiet der angewandten Elektricität betreffenden Vorkommnisse und Fragen in Originalberichten, Rundschauen, Korrespondenzen aus den Mittelpunkten der Wissenschaft, der Technik und des Verkehrs, in Auszügen aus den in Betracht kommenden fremden Zeitschriften, Patentberichten etc. etc.

Die Elektrotechnische Zeitschrift kann durch den Buchhandel und die Post zum Preise von M. 20,— (M. 25,— bei portofreier Versendung nach dem Auslande) für den Jahrgang bezogen werden. — Die älteren Jahrgänge der Elektrotechnischen Zeitschrift sind sämmtlich erhältlich bis auf die Jahrgänge XI und XII (1890 und 1891), die vollständig vergriffen sind. Jahrgang I bis X (1880 bis 1889) werden auf einmal bestellt zum Preise von M. 100,— geliefert.

Hilfsbuch für die Elektrotechnik.

Unter Mitwirkung von

Fink, Goppelsroeder, Pirani, v. Renesse und **Seyffert**

bearbeitet und herausgegeben von

C. Grawinkel und K. Strecker.

Mit zahlreichen Figuren im Text.

Vierte vermehrte und verbesserte Auflage.

Preis in Leinwand geb. M. 12,—.

Fortschritte der Elektrotechnik.

Vierteljährliche Berichte

über die

neueren Erscheinungen

auf dem Gesammtgebiete der angewandten Elektricitätslehre mit Einschluss des elektrischen Nachrichten- und Signalwesens.

Unter Mitwirkung von

Döhn, Licht und **Müller**

herausgegeben von

Dr. Karl Strecker und Dr. Karl Kahle.

Vollständig liegen vor:

Zu beziehen durch jede Buchhandlung.